U0010405

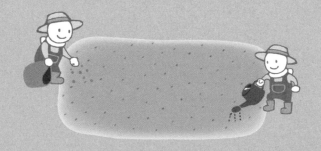

知的農學！

　　在這個人手一隻智慧手機的知識爆炸時代，拜個 Google 大神就以為能一秒變專家。但是，這些唾手可得的網路知識可靠嗎？我們能信任它嗎？如同美國電視節目「流言終結者（MythBusters）（2003 年開播）」的製作概念：**端正網路的流言迷思和錯誤資訊，**正是我們「知的！」系列所推崇「真知識」的叢書宗旨。知的書系囊括自然類（包含植物、動物、環保、生態）、科學類（宇宙、生物、天文）、數理類（數學、化學、物理）、心理類等真知識，內容包羅萬象，就等待你來挖掘科學的美好。

　　然而，近年來連續爆發的瘦肉精、塑化劑、黑心油等食安問題，讓提供糧食的供給者及食物消費者從上至下人心惶惶，而萌生界博覽會，更以主題「潤養大地，澤給蒼生」

常多，而自古使用的方式就是堆肥。

　　所謂堆肥，是將落葉或收成後的蔬菜殘渣、牛糞或雞糞等農家日常生活中產生的各有機物當作原料，借助微生物的力量使之發酵的材料。

　　近年來，在自家享受園藝樂趣的人增加了，許多人在累積某種程度的經驗後，會覺得：「我想種出更美味的蔬菜」、「既然投入園藝，希望能對環境更溫和友善」，因此試圖利用堆肥培育土壤的人比以前更多了。

　　若是專業的農家，會一次製造好幾噸的堆肥，但家庭園藝不需要這麼多的分量。那麼製作小規模的堆肥很困難嗎？這倒也未必。在庭院可利用堆肥容器製作，即使只有陽台等小空間，也能使用紙箱或寶特瓶製作。

　　許多人以為堆肥的材料是稻稈或家畜糞便等一般家庭難以取得的東西，但其實不然。舉凡廚房產生的廚餘、庭院的落葉、雜

草和枯草，以及寵物的糞便等，我們的身邊充斥著各種堆肥材料。把當作垃圾處理的無用物品做成堆肥，在土壤中還原培育作物。能夠感受到如此自然的循環，也是製造堆肥的極大魅力。

　　努力製造或使用堆肥是不錯，至於堆肥會對土壤帶來何種作用？對於作物有何益處？有不少人並未了解其基本的概念。例如，將堆肥與肥料混淆，或是誤以為：「施加愈多堆肥，作物長得愈好」。另外近年來，不收成栽培的作物，直接把作物當成有機物在土壤中還原的「綠肥」，其使用逐漸受到矚目。而堆肥與綠肥又該如何分別運用呢？

　　請透過本書了解有效運用堆肥與綠肥等有機物的知識，正確、有計劃地使用，享受更高階的家庭園藝樂趣。

2012 年 1 月
後藤逸男

contents

第4章
綠肥的
效果和用法　　107

1-1 有機物的循環與堆肥

自然界中，有機物不斷循環

　　自然界中，植物沐浴在陽光之下而製造出有機物。這些有機物如落葉或枯枝等掉落地面堆積，經由土壤中的微生物分解，再還原至土壤。

　　落葉堆積而成的土壤，會是蓬鬆且保有彈力的。此外，食用植物的草食性動物，或者以這些作為食物的肉食性動物，牠們的糞便以及死後的骸骨也都會還原至土壤。經過幾千年、幾萬年，原野都維持自然狀態仍舊不變的原因，正是因為這些有機物不斷地循環。

　　接下來，把焦點轉向人類耕作原野而種植的旱田。在自然界，有機物會自行循環，然而在旱田中，為了能在生長良好的狀態下採收作物，會清除雜草或作物殘餘等。再者，為了將作物作為食材使用，會把採收的作物帶離旱田。

　　如此一來，有人手介入的旱田，是在大膽地妨礙有機物的循環下栽培作物，因此必須要額外進行有機物還原至土壤的步驟。

■自然界的循環

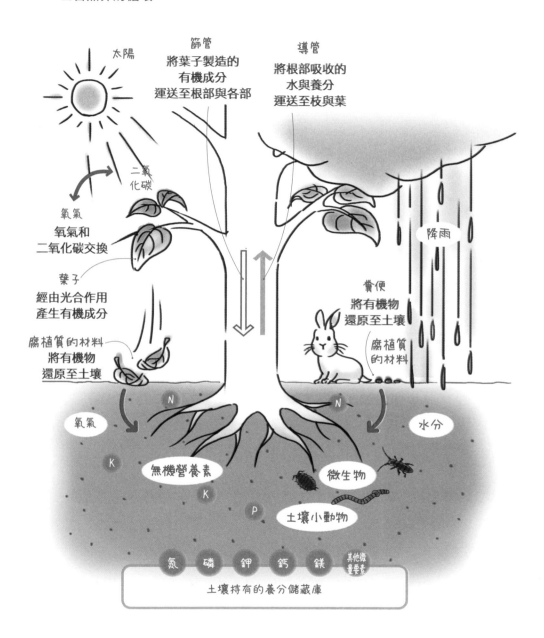

太陽

篩管
將葉子製造的
有機成分
運送至根部與各部

導管
將根部吸收的
水與養分
運送至枝與葉

二氧化碳

氧氣
氧氣和
二氧化碳交換

葉子
經由光合作用
產生有機成分

降雨

糞便
將有機物
還原至土壤

腐植質
的材料

腐植質的材料
將有機物
還原至土壤

氧氣

N

N

水分

無機營養素

K

K

微生物

P

土壤小動物

氮　磷　鉀　鈣　鎂　其他微量要素

土壤持有的養分儲藏庫

1-2 堆肥的目的是做好土壤培育

堆肥帶來的 3 大效果

　　植物若缺乏土壤中各自所需的肥料成分（養分）便無法生長，但這不表示植物生長一定需要堆肥。

　　然而，在完全不投入堆肥的情形下持續栽培作物，土壤會變得貧瘠、變硬，逐漸變成不適合植物生長的環境。相對地，在每年都投入堆肥的旱田裡，植物的生長則會趨向於穩定。因此，規律地投入堆肥較佳。

　　堆肥的具體效果很多，在此列出 ①品質提升、②收成量增加、③生產穩定等 3 項。

①品質提升（物理性改善的效果）

　　植物是從根部吸收養分，所以只要給予根部適量的養分和水分，就能提升種植作物的品質。也就是說，巧妙地控制養分（主要是氮、磷、鉀）和水分，便能提高耕種的品質。

　　堆肥，則是利用有機物的分解，提供作物適當的養分，並同時軟化土壤，讓土壤趨近蓬鬆狀態，提升排水性和保水性。此外，土質如果柔軟，

原來堆肥有這麼多效用啊！

根部便能在土壤中充分伸展，甚至可以增加根圈
（rhizosphere）土壤的養分和保水力，與作物生
長品質的提升息息相關。

■堆肥帶來的 3 大效果

在土壤中投入堆肥……

物理性地改善	化學性地改善	生物性地改善
土壤團粒構造發達，可以改善其透氣性、排水性、保水性。	補充大量元素、微量元素的養分，提升作物的生長。	微生物活化，土壤生物多樣化。
腐葉土等碳成分較多的堆肥更具效果。	提高保肥力。	提升土壤養分的供給力。
促進根部發達，提高根部養分和水分的吸收力。	氮成分較多的家畜糞便堆肥的效果極大。	

品質提升　　收成量增加　　穩定生產

1-3 堆肥帶來的效果①

~土壤物理性的改善~

何謂植物喜歡生長的土壤？

堆肥，是培育土壤時用來改善土壤性質的材料（土壤改良材料）。雖然經常聽到「培育土壤」這個詞，但所謂的土壤，是地球經年累月才形成的物質，並非是人類製造而成的。「培育土壤」原來的意思，是要整頓出植物容易生長的土壤環境。

例如，旱田或花壇的土壤如果總是處在過度潮溼的狀態，土壤中會缺乏氧氣，讓偏好水分的植物根部生長變差，甚至可能因此引起根腐病而枯萎。相反地，當排水性太過順暢，則會難以供應植物所需的充足水分和養分。

改善排水性和透水性又同時要兼具良好的保水性，這項要求乍看之下像是矛盾的土壤環境，卻是對植物而言容易生長的環境。能實現這種理想狀態的，便是團粒構造土。

單粒構造與團粒構造

　　土壤顆粒成一顆顆分散排列的狀態稱為「單粒構造土」；土壤顆粒的聚集、大小顆粒的團狀塊群聚的狀態稱為「團粒構造」。

單粒構造

　　能充分保持水分，但小顆粒之間的空隙狹窄，空氣摻入情形差，會妨礙根部呼吸。

團粒構造

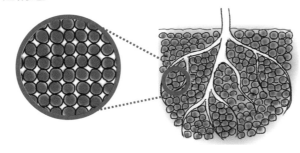

土壤顆粒小，是細緻的黏土質時，能保持水分不流失，但透氣性不佳。相反地，是顆粒粗大的砂質性時，則會缺乏水分、肥料不足。

　　大團粒之間會形成寬敞的空隙，因此排水性良好，空氣能輕鬆進入，所以也是透氣性很好的土壤。另外，因團粒中的各個小顆粒皆不同，使土壤有良好的保水性，是植物生長上偏好的土壤。

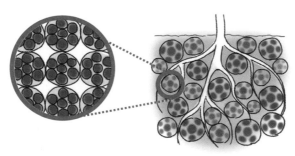

放大觀察大團粒，可看出是由各個不同的小團粒組成，而小團粒又是由更小的團粒組成。

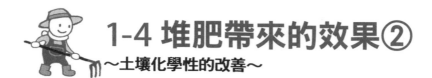

1-4 堆肥帶來的效果②
~土壤化學性的改善~

大量元素（每 *10a 吸收超過 5 公斤的元素）

此類別內除了有氮、磷、鉀以外，還有鈣、鎂、硫。

微量元素（每 *10a 吸收低於 100 公克的元素）

此類別包括有鐵、錳、銅、鋅、硼、鉬、氯、鎳。

*編註：10a（公畝）
＝ 0.1 公頃
≒ 1 分地

植物吸收無機物

微生物分解堆肥中的有機物後，產生的並非僅有土壤的團粒化。有機物還會轉換成植物的養分（無機營養素）。

由於堆肥內含有的養分會成為有機物，在有機物的狀態下，植物將無法吸收，必須由土壤中的微生物經過分解，將有機物轉換成無機物，才會被吸收成為養分。

植物需要的養分種類

以下，簡單說明植物所需的養分種類。

現在，植物生長上需要的養分目前有 17 種，這些元素稱為「必須元素」。其中，氫、氧、碳，必須從水和空氣透過葉或根吸收，其他則主要是經由根部從土壤中吸收取得。

植物特別需要的三要素分別是氮（N）、磷（P）、鉀（K）這三種。氮是所有植物在生長時的必要成分，也稱作「葉肥」，主要是促進植物的莖葉生長。磷又稱作「花肥」或「果肥」，主要是

改善花卉與果實的生長。鉀亦稱作「根肥」，能使根部和莖部生長更結實，也能提高對病害蟲的抵抗力。

　　僅次於三要素的必須元素是鈣（Ca）、鎂（Mg）、硫（S）。它們被稱作「中量元素」，與三要素一起被分類為「大量元素」。除此以外的元素只要少量即可，因此稱為「微量元素」。

　　堆肥內含有各式各樣的養分，雖然這也和使用的材料有關。不過，植物所需的均衡養分很難只用堆肥調整完備，因此還是需要以其他肥料補足缺乏的元素。

■堆肥和肥料的互補關係

由於化肥具有速效性，作為缺乏的養分或初期生長用的肥料，而投入堆肥作為基肥時，會很有成效。

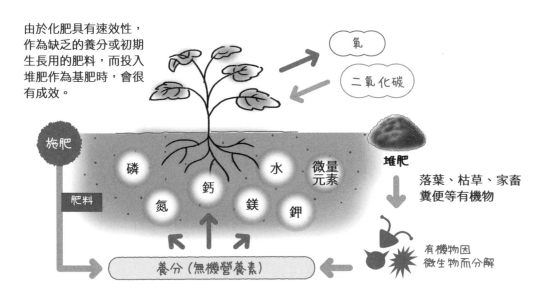

堆肥和土壤保肥力的關係

　　CEC 的值會受土壤中所含之腐植質或優質黏土的量所影響。人們常以為施用堆肥就能立即提升土壤的保肥力，然而腐植質和黏土都是經年累月才形成的物質，即使施用堆肥，也不會直接升高CEC。

　　不過，將堆肥投入土壤後，以堆肥為食物的微生物會增加，並會將養分儲存在體內。這表示堆肥並沒有直接提高土壤的保肥力，而是透過微生物間接發揮了儲存養分的效果。

■陽離子交換能力（CEC）大小的差異

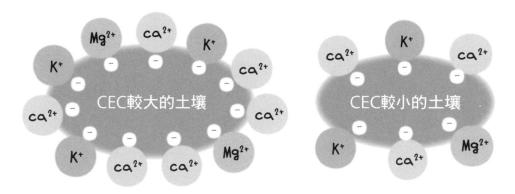

如果CEC大，可以大量吸引帶有
陽離子的肥料成分。

注意避免養分過多

緩慢地發揮肥分效果是堆肥的一大特徵，但有一點必須注意，要避免土壤在不知不覺間儲存過多養分。

經由投入堆肥而運送到土壤中的有機物，會成為微生物極佳的食物而分解成植物的養分（無機營養素），但並不是全都會被分解。有部分未分解的有機物殘留在土壤中，隔年才會分解。

也就是説，每年投入堆肥，都會有當年未分解而殘留的有機物，於隔年再分解一部分，然後反覆地將養分補充到土壤中。

這是和化肥相當不同的一點。施用肥料的目的，是在各情境下給予植物當時所需的養分，但堆肥是每年投入，並隨著肥分效果逐漸顯現，然後累積其效果，使長時間的養分補給能力逐漸提升。

然而，不了解堆肥的性質，盲目且持續施用家畜糞便堆肥或廚餘堆肥等養分較多的堆肥時，容易使土壤的養分過多，因此必須先充分掌握土壤的養分均衡，請朝這個方向努力。

以家畜糞便堆肥作為基肥使用時，要好好計算肥料成分喔！

■堆肥中的有機物會持續累積到隔年

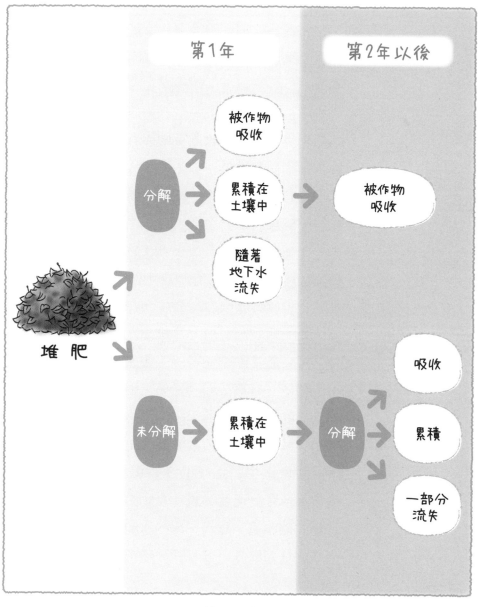

並不是所有堆肥的有機物都會立即被微生物分解。有一部分會以未分解的狀態殘留在土壤裡，可能在隔年以後才被分解。

1-5 堆肥帶來的效果③
~土壤生物性的改善~

土壤中微生物的作用

　　如果在土壤中投入堆肥等有機物，以此為食物的微生物便會增加，微生物的活動也會變得活躍。微生物會分解有機物，促進土壤團粒化，及提供植物所需的養分。

　　土壤中棲息著非常多微生物，據報導，在每1公克（g）的土壤中有超過1億個以上的微生物存在，且種類分布廣泛。微生物在生物學上可大略分為「真菌類（黴菌）」、「細菌（Bacteria）」、「藻類」、「原生動物」等4大類。

　　最早先有真菌類（黴菌）附著土壤中，大略分解有機物後，再由酵母菌、乳酸菌等細菌把這些有機物分解成植物能吸收的養分（無機營養素）。

　　要使微生物活化有3個重點。包括維持微生物容易活動的**溫度**、成為食物的有機物內必須含有均衡的**碳和氮**、以及均衡的**水和空氣（氧氣）**。微生物的種類繁多，各種微生物都有其適合生長的土壤環境。

肉眼看不見的微生物在每1公克（g）的土壤內竟然超過1億個……！

■土壤中的微生物和小動物

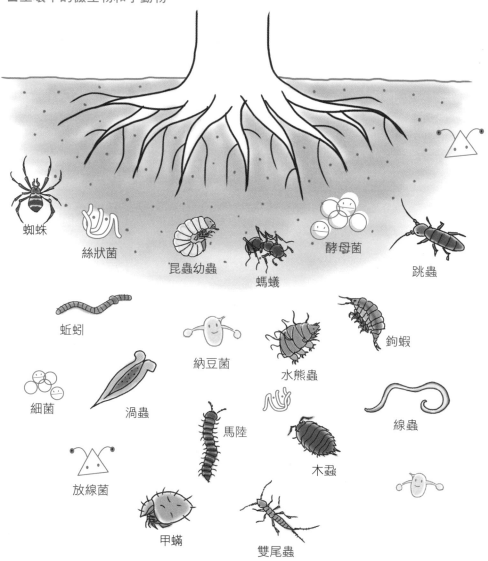

蜘蛛

絲狀菌

昆蟲幼蟲

螞蟻

酵母菌

跳蟲

蚯蚓

納豆菌

水熊蟲

鉤蝦

細菌

渦蟲

放線菌

馬陸

木蝨

線蟲

甲蟎

雙尾蟲

土壤中除了有許多肉眼看不見的微生物存在外,也有很多
肉眼看得見的小動物。例如,蚯蚓數量較多的土壤一般被
認為比較肥沃,土壤中的小動物們會排泄糞便或上下移
動,具有翻動土壤、促進土壤團粒化的作用。

維持碳與氮均衡的重要性

　　微生物在分解作為食物的有機物時，會一邊維持碳（Ｃ）與氮（Ｎ）的均衡，一邊繁殖。微生物本身也是有機物，它以碳為主要成分，並含有碳含量 10 分之 1 的氮，因此接近此組成比例的碳和氮是堆肥的必要原料。碳和氮在此有機物中的均衡比例，稱為「Ｃ／Ｎ比」。

　　如果把微生物的食物比喻為人類的餐點，則碳即是飯（碳水化合物），氮則是肉類等小菜（蛋白質）。微生物均衡地從這些食物中攝取所需的有機物，藉以取得能量，微生物才能製造出健康的身體。

■有機物的發酵、分解以 2 階段演進

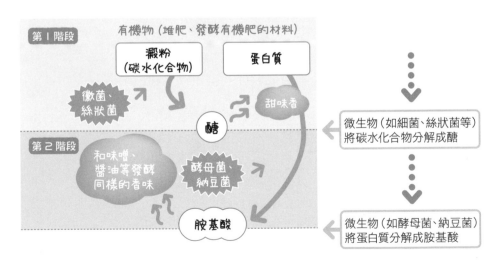

堆肥過程中活躍的主要微生物

　　和在土壤當中一樣，堆肥裡也是富含微生物的寶庫。微生物除了在製造堆肥時會發揮分解作用外，在堆肥投入到土壤後也同樣會發揮極大作用。

　　在微生物分解有機物的前提下，水分條件也和「碳氮比（Ｃ／Ｎ比）」同樣重要。容易使培育堆肥上相當活躍的微生物（絲狀菌、酵母菌、納豆菌、乳酸菌、放線菌等）繁殖的水分條件是大約 40 ～ 60% 左右。此外，這些微生物除了有偏好的水分狀態外，也對環境周圍的空氣（氧氣）等條件相當挑剔。必須事先掌握各個微生物的特性和特徵。

絲狀菌（真菌）

　　絲狀菌是麴黴屬（*Aspergillus*）等黴菌的類型，據報導是土壤微生物當中數量最多的菌種。具有將大分子的碳水化合物分解成小分子的碳水化合物和醣的功能。絲狀菌的菌種偏好 15 ～ 40℃ 的低溫，因此累積堆肥的原料後，會比其他微生物更早開始活動。但隨著溫度上升到 50℃ 以上後，絲狀菌的數量會逐漸減少。

　　植物病原菌中絲狀菌較多的原因，是因為它具備分解植物纖維的能力，以及偏好的溫度範圍正好和作物適合生長的溫度相同所致。

* 編註：
① 絲狀菌：
　Aspergillus 屬

② 酵母菌：
　Saccharomyces 屬

③ 納豆菌：
　Bacillus subtilis Natto

④ 乳酸菌：
　Lactobacillus 屬

⑤ 放線菌：
　Actinobacteria

絲狀菌的作用
會將碳水化合物分解成更小的碳水化合物或醣，因此能成為其他微生物的能量。

細胞分裂素

細胞分裂素是一種植物荷爾蒙。主要是以根部合成，再從根部運送到上方。目前已知其具有促進細胞分裂、促進側芽生長、抑制老化的作用等。

　　微生物分解蛋白質形成胺基酸時，首先會先由絲狀菌分解澱粉（碳水化合物）製作醣，酵母菌或放線菌等微生物再以此醣作為繁殖能量，由它們將蛋白質分解成胺基酸。

　　如果絲狀菌分解澱粉的過程沒有進展，將無法形成醣，製造胺基酸的效率也會變差。也就是說，絲狀菌為微生物接下來製造胺基酸作足了準備。

酵母菌

　　酵母菌（yeast）具有分解蛋白質轉化成胺基酸或細胞分裂素（cytokinins），或是分解醣轉換成酒精的功能。酵母菌也偏好 15 ～ 40℃的低溫，會在堆肥堆的位置下方或接觸外部空氣的表面部位等處繁殖。

　　酵母菌為兼性厭氧菌，在氧氣稀薄的地方依然可以活動，因此分解蛋白質的速度較慢。不過能量流失也比較少，可以有效地生成胺基酸。

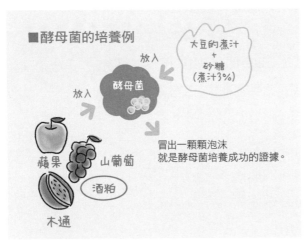

■酵母菌的培養例

放入　大豆的煮汁 + 砂糖（煮汁3%）

放入　酵母菌

蘋果　山葡萄　酒粕　木通

冒出一顆顆泡沫就是酵母菌培養成功的證據。

納豆菌

　　納豆菌（*Bacillus subtilis Natto*）是以分解大豆中的蛋白質，製造出美味成分胺基酸以及黏性物質而為人熟悉。這種黏性物質對土壤團粒化相當有幫助。納豆菌的種類繁多，通常會帶有各種分解酵素，有些也會分解纖維素、蛋白質、油脂等物質。這是非常重要的，因為在旱田栽培下一種作物時，如果土壤中殘留著上一種作物卻繼續栽種下一種，反而會加速有害微生物的繁殖。倘若這種未熟有機物會事先被納豆菌的纖維分解酵素去除，就能有效抑制有害微生物的繁殖。

　　納豆菌是好氧性（aerobic）的微生物，偏好溫度在 30 ～ 65℃ 之間。發酵時間雖然比較早，但這部分的能量也會被使用，因此能加速利用有機物中的氮成分和醣類。此外，有機物的氮成分會轉變成氨氣，有容易發出惡臭的特徵。

胺基酸

同時具有氨基和羧基的有機化合物。以數個胺基酸相連，製造出蛋白質。

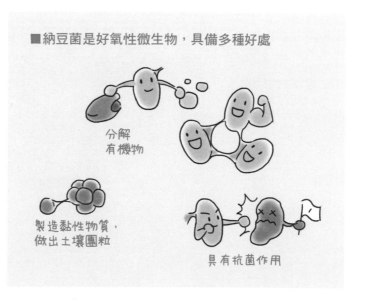

■納豆菌是好氧性微生物，具備多種好處

分解有機物

製造黏性物質，做出土壤團粒

具有抗菌作用

放線菌

放線菌是好氧性（aerobic）的微生物，偏好帶有溼氣且空氣流通的場所，例如會棲息於腐葉土的下方等處。從堆肥表面下約 5～10 公分（cm）處看見的白色線狀或粉狀的物質就是放線菌。

放線菌的極大特徵是具有抑制土壤病害蟲的能力。土壤病害蟲中的線蟲、甲蟲類的表皮、鐮刀菌等黴菌種類的細胞膜，是由甲殼素（又稱幾丁質）形成。放線菌會以幾丁質酶這種酵素分解甲殼素，再轉換為營養源使用，因此繁殖放線菌能抑制病害蟲產生。

鐮刀菌

鐮刀菌會引起萎黃病、立枯病、黃葉病等植物病。

甲殼素
（又稱幾丁質）

蟹殼或蝦殼等甲殼類的殼皆是由甲殼素形成，因此會成為放線菌的食物。由此可知，在堆肥原料中加入甲殼類的殼，可以製出抑制土壤病害蟲的堆肥。

乳酸菌

乳酸菌是兼氣厭氧菌，也是製造乳酸的微生物。乳酸是一種有機酸，具有殺菌作用。而且有機酸會製造螯合物（chelation），可溶化土壤中的礦物質，轉換成作物容易吸收的形式。

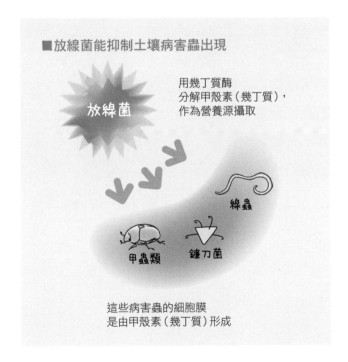

■放線菌能抑制土壤病害蟲出現

放線菌

用幾丁質酶分解甲殼素（幾丁質），作為營養源攝取

線蟲

甲蟲類

鐮刀菌

這些病害蟲的細胞膜是由甲殼素（幾丁質）形成

堆肥活化微生物

當土壤中的微生物活動旺盛，容易促進有機物分解，使植物養分的供給能力升高。

藉由投入堆肥，土壤中的微生物會將堆肥內含有的有機物作為食物利用，並因此繁殖，不只是使用的堆肥，也會促進至今累積在土壤中的有機物分解，此效果稱為「激發效應（priming effect）」。透過此分解過程，會從氮開始產生許多養分。其中一部分的氮會被繁殖的微生物取用，再次累積到土壤中，然後長時間將氮釋放到土壤內。

藉由投入堆肥，可以看見各式各樣與有機物分解有關的土壤小動物、絲狀菌、放線菌、細菌等微生物群棲息在土壤中。正因為這些微生物群的大小不一，才會在土壤團粒的內外位置各自設立據點。種類繁多的生物在土壤生長著，構築出互相共存、頡抗的關係，可以抑制特定的病原菌繁殖（增強生物的緩衝功能）。

堆肥可以增加各式各樣的微生物喔！

1-6 堆肥和病蟲害的關係

堆肥能減輕也能加重病蟲害

　　經常有報導指出，可藉由投入堆肥，讓土壤中的微生物增加而抑制了土壤病蟲害的產生。然而，有時也會因為施用堆肥，促使土壤病原菌的食物增加，反而助長病原菌活動而增加土壤病蟲害出現的機率。

　　堆肥會因材料種類、腐熟度差異、土壤性質差異、病原菌差異、以及作物差異等因素，出現不同效果的土壤病害。

　　如同施用堆肥造成抑制或發生病害的例子（參閱右表）般，堆肥具備的效果有不少模糊的部分。不過，可以說堆肥具有培育各式各樣微生物的效果，但也別忘了，當中也有土壤病原菌。

　　不要對堆肥的效果過度自信，與其大量施用堆肥，反而應該好好選擇堆肥的材料，考慮腐熟的程度，在適當的時間投入適宜的堆肥量，努力改善土壤的物理性和化學性。如此一來，自然能提升對大自然與土壤病害的抵抗力。

■施用堆肥與發生土壤病害的關係

堆肥的種類	減輕的病害	助長的病害
樹　皮	小黃瓜黃葉病 番茄枯萎病 馬鈴薯瘡痂病 馬鈴薯粉狀瘡痂病	茄子半身枯萎病 白蘿蔔萎黃病 白蘿蔔褐腐病 馬鈴薯褐腐病
牛　糞	蕪菁幼株根腫病	白蘿蔔萎黃病
雞　糞	小黃瓜黃葉病 番茄枯萎病 高麗菜萎黃病 高麗菜冠腐病 白菜根腫病 蕪菁幼株根腫病	番茄根腐枯萎病 白蘿蔔萎黃病 蒟蒻軟腐病 馬鈴薯粉狀瘡痂病 白蘿蔔橫條紋症狀 白蘿蔔黑斑症狀
豬　糞	小黃瓜黃葉病 小黃瓜立枯性疫病 番茄枯萎病 蕪菁幼株根腫病	茄子半身枯萎病 青椒疫病 白蘿蔔萎黃病 牛蒡焦黑病 馬鈴薯瘡痂病 蒟蒻軟腐病 高麗菜萎黃病 萵苣裾腐病
馬　糞		蕪菁幼株根腫病
木　屑	小黃瓜黃葉病 瓠子黃葉病	番茄根腐枯萎病 白蘿蔔萎黃病 白蘿蔔橫條紋症狀 馬鈴薯瘡痂病 馬鈴薯粉狀瘡痂病

1-7 優質堆肥的基本條件

優質堆肥的基本條件

　　堆肥能在土壤物理性、化學性、生物性上發揮改善效果，但前提是必須滿足以下 4 項基本條件。

❶不妨礙作物生長

　　有機材料中，有些物質對作物的生長有害，例如有機酸或酚酸（phenolic acids）等。這些物質會對作物的生長或種子的發芽帶來不良的影響。要成為優質的堆肥，必須不含這些物質，也不含其他雜草的種子。

❷堆肥的成分穩定

　　有機材料的種類繁多，依種類不同，產生的效果及對土壤改良的效果亦有所不同。製作堆肥時，必須知道使用材料的特徵，衡量有機物的內容並維持堆肥內肥料成分的穩定性。

❸對環境無害

　　為了保護土壤環境，不含有害重金屬及病原菌是必要條件。只要重金屬含量每 1 公斤（kg）有

超過砷 50 毫克、鎘 5 毫克、汞 2 毫克等標準時，就會對土壤造成污染。此外，不超過鋅 120 毫克／公斤的標準也是條件之一。必須確認堆肥內不含其他對作物或人體有害的細菌或蟲類。

❹不散發惡臭且方便處理

製作堆肥的過程中，可列舉出幾項要求。包括不發出惡臭、水分含量適當、優異的儲藏性、形狀均一、能在使用農耕機器時方便處理等。將堆肥散布在旱田時，特別是在大量散布的情形下，好取用而且能有效率地進行施肥作業，也是很重要的條件。

■ 堆肥的基本條件

對環境無害
- 不含有害重金屬。
  （含量標準：每 1 公斤含砷 50 毫克、鎘 5 毫克、汞 2 毫克）
- 不含對作物或人體有害的病原菌或害蟲。

方便處理
- 不發出惡臭。
- 水分含量適當。
- 容易儲藏且有均一的形狀。
- 大規模使用時能對機器具適應性。

不妨礙作物生長
- 不含對作物生長有害的有機酸或酚酸等成分。
- 不含雜草的種子。

成分穩定
有機物及堆肥內含有的肥料成分品質均勻且穩定。

（堆肥的基本條件）

活化微生物的材料

　　堆肥形成時，有細菌、絲狀菌、放線菌、納豆菌、酵母菌等各式各樣的微生物進行作用以分解有機物。因此在培育堆肥上，順利活化微生物的分解作用是一大重點。以下將介紹幫助微生物活化的 3 種代表性材料。

❶ 米糠

米糠是在精製糙米的過程中製成，它凝聚了米用來發芽、生長的營養成分。因此除了氮和磷以外，還含有微生物所需的豐富維生素與礦物質。把米糠混進堆肥內，能使微生物急遽增加，促進土壤發熱，使有機物提早分解。不過，米糠頂多只是微生物的營養源，因此混入的量必須要控制在堆肥整體的5％以下，這一點是製作時的祕訣。如果放入過量的米糠，會產生釋出惡臭等問題。

❷ 持續分解的落葉

落葉與地表的土壤接觸後會持續分解，上面有許多微生物棲息。製作腐葉土時，不是只用剛掉落的葉子，也混入一些已分解至某種程度的葉子，更能促進落葉堆肥化。

❸ 過磷酸鈣

微生物主要以碳和氮作為食物繁殖，但磷也是不可缺少的一項要素。因為磷在微生物產生能量時擔任了重要的酵素角色。磷材料中，有骨粉這類動物質的材料及熔磷般的化學肥料，然而水溶性的過磷酸鈣（過石）較容易和其他材料溶合，契合性極佳。過磷鈣在促進堆肥化的同時，也具有調整養分均衡，或抑制微生物在分解過程中散發出惡臭等效果。

第2章

堆肥的製法

堆肥可以直接在園藝店或DIY系列生活工具用品店購買，
但也可以使用落葉或廚餘等手邊即有的物品製作。將有機
物堆肥所需要的時間因材料而異，一般而言需要約1個月
至半年。清楚知道用於堆肥的主原料和副原料的種類、特
性、效果等資訊，將有助於培育自製的堆肥品質喔！

2-1 把有機物做成堆肥的理由

　　把有機物當作材料活化微生物，經過數個月後，微生物會分解有機物而形成堆肥。那麼，究竟為什麼不直接將落葉或家畜糞便等有機物放進土壤中，還得特地到其他場所進行這種作業呢？這其實是因為以下的 2 大理由。

**主要堆肥材料的
Ｃ／Ｎ比（碳氮比）**

牛糞	10～12
豬糞	8～10
雞糞	6～10
稻稈	50～62
木屑	300～1000

❶減少有機物中的碳

　　在土壤中施肥的有機物會成為黴菌或細菌等土壤微生物的食物。微生物本身也是有機物，它們的身體組成是以碳（Ｃ）為主要成分，也含有氮（Ｎ），約 10：1。另一方面，成為食物的有機物中，碳氮比（Ｃ／Ｎ比，即碳和氮的比率）有豐富多樣的多種組合。例如菜籽油粕的碳氮比約 7：1，落葉約 40：1。

　　微生物利用（分解）有機物獲得能量而繁殖。如果它們的食物是油粕，則會因為 Ｃ／Ｎ 比的值較小，而使微生物分解後仍有多餘的氮釋放到土壤內，成為土壤中的養分。也就是說，油粕即使沒做成堆肥，依然能直接作為肥料使用。

　　另一方面，若不將落葉這種碳含量較多的有機物做成堆肥，而是直接投入土壤，微生物會取用土

碳比氮多出 10 倍以上的有機物容易出現「氮飢餓」的現象喔！

壤中原有的氮，導致土壤內的氮含量不足，使植物引發「氮飢餓」的現象。

為了避免這種情形，碳含量較多的有機物不可以直接投入到土壤中，必須讓有機物先堆肥化，由微生物事先將有機碳分解轉化成氣體的二氧化碳後去除，以減少土壤的碳氮比。

■減少有機物中的碳

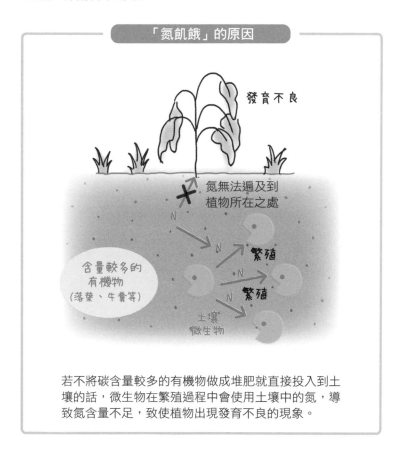

若不將碳含量較多的有機物做成堆肥就直接投入到土壤的話，微生物在繁殖過程中會使用土壤中的氮，導致氮含量不足，致使植物出現發育不良的現象。

❷防止施肥後出現的氣體危害

　　若將有機物直接投入到土壤會經由微生物的分解產生大量的二氧化碳氣體。

　　因此，如果投入有機物之後立即撒種，植物會因缺氧而難以發芽，必須在投入有機物之後放置土壤約 2 星期，待氣體排出後再撒種。所以事先讓有機物堆肥化，較能讓有機物在製作堆肥的過程中被微生物分解，到時投入堆肥時才不會再產生二氧化碳氣體。

■防止二氧化碳氣體的產生

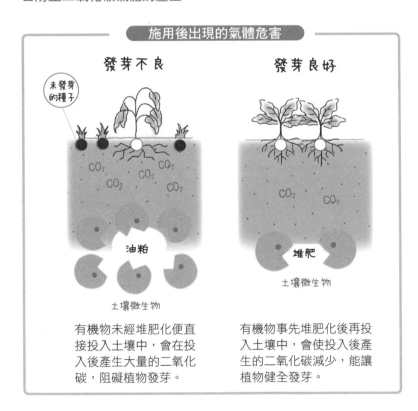

施用後出現的氣體危害

發芽不良　　　　　　發芽良好

未發芽的種子

土壤微生物

土壤微生物

有機物未經堆肥化便直接投入土壤中，會在投入後產生大量的二氧化碳，阻礙植物發芽。

有機物事先堆肥化後再投入土壤中，會使投入後產生的二氧化碳減少，能讓植物健全發芽。

適合堆肥的 Ｃ／Ｎ 比

　　如果將相同分量（約 1 杯的量）的家畜糞便和木屑各自埋入土壤中，但家畜糞便會在數日內開始在土壤中進行分解，經過 2 ～ 3 星期便感覺不出臭味（分解時間會受到土壤地溫影響）。然而，木屑經過半年卻仍維持著原本的狀態。若仔細觀察，家畜糞便容易被微生物附著，可以在短時間內進行分解，但木屑周圍即使有微生物存在卻也無法輕易被分解。由此可知，碳含量較多、Ｃ／Ｎ 比較大的木屑，比較不容易被微生物分解。

　　一般來説，Ｃ／Ｎ 比的數值是 20 ～ 30，也就是碳含量為氮的 20 ～ 30 倍的狀態，是最適合進行堆肥的狀態。使用 Ｃ／Ｎ 比較大的材料時，為了讓微生物容易分解利用，調整出碳和氮適當的比例，必須要先混入 Ｃ／Ｎ 比數值較小的有機物（例如家畜糞便等）。

Ｃ／Ｎ 比的調整方法

　　堆肥的副原料也同時擔任調整 Ｃ／Ｎ 比的角色。例如，在 Ｃ／Ｎ 比較低的雞糞中混入 Ｃ／Ｎ 比較高的剪定殘渣，來調整 Ｃ／Ｎ 比的值即可。

雞糞
C/N比：7
C28%，N4%
1

＋

剪定殘渣
C/N比：50
C30%，N0.6%
3

＝

雞糞
＋
剪定殘渣
C/N比：20
4

2-2 培育出優質堆肥的重點

氮、磷、鉀的成分要均衡

　　培育出優質的堆肥有 3 大重點。首先是肥料成分要均衡，其次是調整水分，再來是確實判斷出完熟的堆肥狀態。

　　一開始要充分考慮植物生長所必備的氮、磷、鉀等肥料成分的均衡。一般而言，腐葉土等植物來源的堆肥材料通常鉀較多、磷較少；家畜糞便等動物來源的材料則有磷較多、鉀較少的傾向。因此製作堆肥時只要組合植物來源和動物來源的材料，就能做出成分均衡的堆肥。此外，上一頁介紹的碳（C）和氮（N）的均衡（C ／ N 比）也很重要。

理想含水量是 50 ～ 60%

　　想要讓製肥材料堆肥化，使用材料的含水量就非常重要。要使微生物活動旺盛，以含水量 50 ～ 60％較佳。憑感覺記住水分的多寡即可。祕訣在於先在材料搗碎的狀態下用力捏捏看。如果完全感覺不到水分，則代表水分在 40％以下；水分從指縫間滴注般流下，則是水分過剩。水分沒有滲出且

磷
開花結果

氮
強健莖葉

鉀
堅固根部

能稍微感覺到水氣的程度，即是理想的 50 ～ 60%
含水量。

　　調整水分的方法是，當水分偏少時，可以加入
水分較多的材料，或是用灑水給予少許水分。當水
分較多時，可以直接放至乾燥，或是混入水分偏少
的材料（剪定殘渣或咖啡渣等）等。如果材料量很
少，只要攤開曬乾就行了。作法是將材料切碎，攤
開在報紙等物品上，讓陽光曝曬 1 ～ 2 天即可。

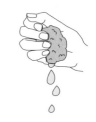

**握住材料，
感受適宜的水分量**

用力緊握材料後，
水分沒有滲出且能
稍微感覺到水氣的
程度，即是理想的
50～60%含水量。

判斷完熟的狀態

　　堆肥從製作到完成約需 1 ～ 2 個月。判斷堆
肥的完成度的標準在 70 ～ 71 頁有詳細説明，這
裡概略地介紹以下 3 點。

(1) 材料的原始樣貌已消失不見。

(2) 顏色已徹底呈現黑色。

(3) 沒有散發材料臭味，已轉變成堆肥臭。

　　注意材料的成分和水分，並正確地掌
握判斷堆肥完熟狀態的方法，做出最優質
好用的堆肥吧！

可以從材料的外觀和氣味
判斷出堆肥是否已經完成！
如果冒出水溝般的惡臭，就代表失
敗了。可以丟棄不用，也可以均勻
地翻耕入土壤中，放置約1個
月，就會被微生物分解喔！

2-3 堆肥的特徵與種類

堆肥的特徵因材料而異

堆肥能使土壤團粒化，改善排水性和保水性，肩負土壤改良材料的角色。此外，堆肥也是土壤中微生物的食物，能讓微生物在土壤中活躍地工作。例如使用碳含量較多、來自植物原料的堆肥腐葉土或樹皮堆肥等，在土壤改良上就是效果出色的堆肥。

另一方面，牛糞堆肥或雞糞堆肥等家畜糞便堆肥內含有豐富的氮、磷、鉀和其他肥料成分，這些營養會補充到土壤內。然而，與腐葉土或樹皮堆肥相比，這類堆肥的土壤增加肥分效果並不高。

在家庭園藝中較常使用的堆肥，是可以輕易在園藝店或 DIY 系列生活工具用品店買得到的腐葉土、樹皮堆肥、牛糞堆肥、雞糞堆肥，以及在家裡製作的廚餘堆肥。此外，腐葉土也和廚餘堆肥一樣，是可以使用手邊材料在小空間內輕鬆製出的堆肥。

首先，來觀察各種堆肥的特徵吧。

■腐葉土、樹皮堆肥和家畜糞便、廚餘堆肥的特性

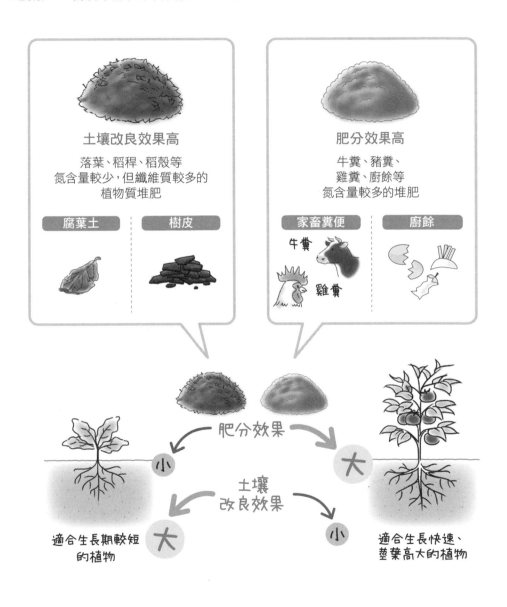

土壤改良效果高

落葉、稻稈、稻殼等
氮含量較少，但纖維質較多的
植物質堆肥

| 腐葉土 | 樹皮 |

肥分效果高

牛糞、豬糞、
雞糞、廚餘等
氮含量較多的堆肥

| 家畜糞便 | 廚餘 |

牛糞

雞糞

肥分效果

小

大

土壤
改良效果

大

小

適合生長期較短
的植物

適合生長快速、
莖葉高大的植物

主要堆肥的種類和特徵

腐葉土

是落葉類闊葉樹已堆積的落葉，經年累月徹底分解落葉、堆肥化的物質。已維持均衡的水分和肥料養分，不僅可用於旱田，也非常適合混入花盆、花槽栽培的培養土內。

挑選市售品時，要選擇葉子變黑、組織已崩解，但仍可約略看出葉子形狀的堆肥產品。若葉子形狀保留完整，或葉子顏色呈褐色的，都仍在未熟狀態。

若想收集落葉自行製作堆肥，可以使用分解速度比較快的麻櫟、枹櫟、櫸樹、楓樹等落葉闊葉樹的落葉。儘量避免使用水分較多的，或是如銀杏般樹脂含量較多且不易腐爛的類型。

樹皮堆肥

在樹皮中加入雞糞、油粕等發酵輔助材料進行堆肥化的物質。含有豐富的植物纖維，具有高效能的土壤改良效果。

挑選市售品時，要購買材料已經充分腐熟的類型。堆肥在乾燥狀態下難以融入到土壤內，必須使用溼潤的類型。過度乾燥的類型可能會有不易溶於水的情形，必須格外注意。

*編註：
① 麻櫟：
  Quercus acutissima
  一種產自東亞（中國、韓國、日本）的橡木。

② 枹櫟：
  Quercus serrata

③ 櫸樹：
  Zelkova serrata

牛糞堆肥

在牛糞中加入木屑或稻稈等材料進行堆肥化的產物。牛以草為主食，因此糞便中含有大量的纖維成分，能均衡地發揮土壤改良效果和肥分效果。

此外，也有販售樹皮含量超過50%以上的「牛糞樹皮堆肥」，這比單純只有牛糞的堆肥具備更出色的土壤改良效果。

雞糞堆肥（發酵雞糞）

雞平常都是食用玉米等營養價值高且口感濃郁的飼料，因此，與牛糞相比，雞糞內幾乎不含纖維質，含有大量的氮、磷、鉀等肥料成分。將雞糞直接乾燥的「乾燥雞糞」具有和普通化成肥料並列的肥分效果。

此外，也有販售添加木屑，肥效穩定的「雞糞木屑堆肥」。

廚餘堆肥

使用廚房產出的廚餘（食品廢棄物）製成的堆肥。除了蔬菜和水果以外，也混入了肉、魚、蛋殼等動物物質，因此兼具土壤改良效果和肥分效果等雙重功效。不過，因為是家庭自製品，品質較參差不齊。

廚餘堆肥的
肥效佳

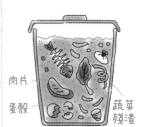

肉片

蛋殼

蔬菜殘渣

在魚骨或肉片等廚餘內放入加速分解的米糠，能提升氮含量。

■主要堆肥的種類和特徵

種類	內容	碳氮比	物理性的改善	化學性的改善	生物性的改善	備註
腐葉土	堆積落葉發酵而成的物質。也常見加米糠等輔助發酵,在短時間內發酵而成的物質。	20〜80	有效果	稍微有效果	有效果	比樹皮堆肥和剪定枝堆肥更容易在土壤中分解。碳氮比較高的腐葉土,可在短時間內消除氮飢餓。
樹皮堆肥	在樹皮中混入米糠或雞糞等,發酵製成的物質。	20〜35	有效果	稍微有效果	有效果	可能有碳氮比偏高的情形,要注意氮飢餓的問題。
剪定枝堆肥	將剪定枝弄碎成片狀,直接放置發酵而成的物質。	20〜50	有效果	稍微有效果	有效果	可能有碳氮比偏高的情形,要注意氮飢餓的問題。
牛糞堆肥	在牛糞中加入落葉或樹皮等,發酵製成的物質。	15〜20	有效果	有鉀肥的效果	有效果	雖也含有氮成分,但完熟狀態時,作為氮肥使用的效果不彰。
發酵雞糞	雞糞發酵而成的物質。	8〜10	稍微有效果	有氮肥、磷肥、鉀肥的效果	有效果	熟度較低的發酵雞糞作為氮肥使用頗有效果,只有過熟雞糞作為氮肥使用時,效果不彰。經常使用會使土壤中鹽類的濃度變高,要注意。

利用副材料均衡調整成分

我們生活的周遭雖然沒有可以當作堆肥的主材料，卻存在著許多能均衡調整堆肥成分的副材料。以下介紹幾例。

稻殼

分解速度非常慢，因此無法單獨堆肥化。但是它能充分吸收水分，也能製造出空隙，是能夠為各種主材料調整水分的出色堆肥副材料。

豆腐渣

含水量高達約 80％，也含有大量的氮，適合和乾燥的落葉或剪定殘渣混合使用。

茶葉、咖啡渣

含單寧酸成分的茶葉具有除臭效果，而咖啡渣也能夠吸收氨等成分的氣味。它們動物質的肥料成分不多，最好能和家畜糞便堆肥混合使用。

米糠

氮成分多，也有豐富的礦物質和維生素，可以直接作為有機肥料使用。然而若用於堆肥，會成為微生物偏愛的食物，而助長微生物繁殖。

2-4 製作堆肥① 〜廚餘堆肥〜

用瓦楞紙箱製作

　　無論在庭院還是陽台，都能利用瓦楞紙箱輕鬆又簡單地製作堆肥，使用這種方式培育堆肥的人已逐漸增加。把廚餘留下並重新利用，可成為培育土壤時極富魅力的材料，能活用於家庭菜園、花壇或花槽。

　　培育廚餘堆肥總給人一種既麻煩又費時的印象。但是以下介紹的方式只需要厚瓦楞紙箱、園藝材料的泥炭蘚（學名：*Sphagnum palustre*）、碳化稻殼（燻炭）等材料即可。這種方式的好處是即使每天放入 500 公克（g）〜 1 公斤（kg）的廚餘，堆肥整體的分量也幾乎不會增加；而如果是人數少的小家庭，也可持續這樣 3 〜 6 個月處理廚餘。此外，即使沒有每天這樣加入廚餘，只要多注意水分的均衡狀態，就不會有問題。

　　瓦楞紙箱是容易取得又不花錢的極佳容器。不過，它很容易損壞，每次製作都必須用新的瓦楞紙箱。

　　製作方法如下頁步驟。

另有使用更小空間的寶特瓶製作廚餘堆肥的方法喔！詳細說明請參閱 P78 的專欄。

■使用瓦楞紙箱製作廚餘堆肥的方法

紙箱底部要先放入1片
瓦楞紙板作為補強。
紙箱底部的透氣也很
重要,可以擺放在格
子狀的架台上喔!

 在瓦楞紙箱內放入泥炭蘚15
公升和碳化稻殼(燻炭)10
公升充分攪拌混合,供應充
足地氧氣。

讓材料中央位置凹陷,放入
廚餘並輕輕弄散。隔天放入
新的廚餘之前,先將中間的
廚餘充分混合到中心位置。
這時,要注意不要接觸到紙
箱內側以免損壞紙箱。

蓋上防蟲罩,因為害蟲可能
會在紙箱外側的表面產卵,
要注意不要弄錯表面和裡
面。

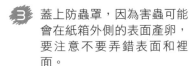

經過約3~6個月,材料發酵
速度趨緩時,即使再加入廚
餘,分量也不會減少,且含
水量會增加。標準的廚餘投
入總量為50公斤左右。之後
不再放入廚餘,且每星期要
倒入1次500毫升~1公升的
水。可在3~4個星期內作為
堆肥使用。

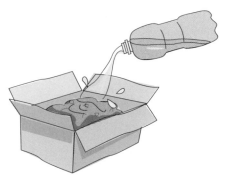

用堆肥容器製作

接下來同樣是使用廚餘作為材料，來試著挑戰分量更緊密的堆肥培育吧。

市售的塑膠製堆肥容器，容量範圍十分廣泛，從 100 公升（ℓ）的到 300 公升的都有。如果菜園寬度約 10 坪（約 33 平方公尺）大，以 200 公升款式製作的堆肥分量足夠覆蓋果菜園 1 整年。

也有準備 2 個堆肥容器，分成「使用中」和「發酵中」，或「廚餘堆肥用」和「腐葉土用」等用途的作法。

堆肥容器本身因為是塑膠製品而容易散熱，內部難以維持適當的溫度，因此有發酵進展緩慢這項缺點。正因如此，必須徹底瀝乾廚餘的水分後再放入。基本上，放入廚餘或蔬菜殘渣後，要在上面覆蓋一層乾燥的土，如此反覆作業，讓堆肥呈三明治般的夾心狀。此外也可以加入米糠、乾雜草、落葉等。

堆肥容器要擺放在排水良好且日照充足的場所。容器滿了後，以 1 個月 1 次的次數，用小鏟子直接翻攪堆肥，或是從土壤中拔出堆肥容器，取出堆肥攪拌混合，有這 2 種方法。可以一直保管著完熟的堆肥直到要施用於旱田時。

■使用堆肥容器製作廚餘堆肥的步驟

1 廚餘的水分儘量瀝乾。
把蔬菜殘渣攤開在濾網
或報紙上,在陽光下曝
曬1～2天,然後切成細
碎再瀝一次水分。

2 將堆肥容器埋入陽光充
足、排水通風良好的場
所約10公分(cm),
倒入約5公分厚的乾燥
的土,均勻散布在表
面。

廚餘　　　　　土

埋入土壤
中約10
公分

3 放入廚餘和蔬菜殘渣混合而成的物質,均勻散布在表面。然後放入和
材料等量的乾燥土壤,散布在表面上讓材料完全看不見。反覆依序放
入材料和土壤,做成三明治般的夾心狀堆肥,層層往上堆疊。

4 容器滿了後靜置約1個月。這段期間內不要把蓋子蓋得太緊,稍微擺
放在容器上面的程度即可。

※最上層一定要擺放土壤。為了透氣和預防蒼蠅,必須罩上防蟲網固定,
天氣晴朗時儘量打開蓋子,讓內部的水分蒸散。

5 以1個月翻攪1次為標準。

6 材料原本的形狀消
失,沒有發出討厭
的臭味,出現類似
土壤的味道時,就
完成了。

容器滿了後,從土壤
中取出,將內部堆肥
投入旱田。

2-5 製作堆肥② ～腐葉土～

用塑膠袋製作

使用落葉的腐葉土也能輕鬆製作。首先介紹使用塑膠袋的製作方法。

將塑膠垃圾袋或空的肥料袋等底部兩端的邊角剪開（排水用）。在收集好的落葉上澆水，讓落葉含有水分，接著抓 1～2 把米糠混入其中，然後將落葉和米糠的混合物裝進袋子裡，最後把袋口束起來。袋口處要稍微開一些，不要綁得太緊。把袋子直立放置在日照良好又淋得到雨水的地方，偶爾從袋外揉捏袋子讓內容物鬆散。內部太乾燥就補充水分，經過數個月，腐葉土就完成了。

有顏色的塑膠袋雖然也沒問題，不過如果使用透明的袋子能看得見內部，製作上會更方便喔！

■使用塑膠垃圾袋製作腐葉土的步驟

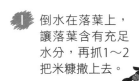

1 倒水在落葉上，讓落葉含有充足水分，再抓1～2把米糠撒上去。

2 剪開袋底兩端的邊角。把①的含水落葉裝進袋子內。

4 偶爾揉捏袋子讓內容物鬆散。當內部太乾燥就從袋口注入水分。

3 把袋口綁起來，讓袋口留一些空隙，不要綁得太緊。然後直立地放置在日照良好又淋得到雨水的地方。

用網子或絲襪製作

利用手邊即有的物品，例如裝洋蔥或夏柑等食物的網子或老舊的絲襪，都是培育腐葉土的出色容器。雖然從外觀看起來容量很小，但裝填後可以容納多達 2 公升（ℓ）的材料。

這個方法適合使用落葉或枯草等製作腐葉土的情形，不適合用於製作水分較多的廚餘堆肥。此外，必須要注意避免雜草種子混入。

準備材料包括網子或絲襪、30 公分× 40 公分大小的薄塑膠袋、瓦楞紙箱和水桶。請依照以下步驟試著做做看。

■使用網子或絲襪製作腐葉土的步驟

1 在網子或絲襪中塞滿落葉或枯草再束起網口。

2 把①放進裝有水的水桶內浸泡數秒後瀝掉水分。放進塑膠袋內，把袋口輕輕反摺。

3 將數個②狀態的半成品放進大小適當的瓦楞紙箱內，要塞滿至毫無空隙，蓋上蓋子，擺放在陰涼處。

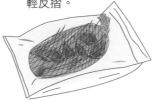

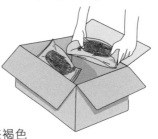

4 約1個月1次，從塑膠袋中取出網子，輕輕揉捏整個網子。如果塑膠袋中有水分淤積，便將網子放在通風良好的場所晾乾1天。

5 材料轉變為茶褐色且葉子的組織已崩解，即代表腐葉土製作完成。需耗時約3～6個月。

腐葉土的正統作法

　　不妨試著做做看正統的腐葉土吧，在庭院一隅或市民農園等處，只要準備有半張榻榻米（約１／４坪）大小的空間即可，。以 20 平方公尺（㎡）大小的家庭菜園為例，可以準備長 60 公分、寬 60 公分、高 60 公分的木框。容量為 200 公升，使用這個分量的材料製作堆肥時，大約能做出 40 公斤的量。組裝木框，把落葉累積在木框裡，然後加入米糠，將落葉和米糠交互地堆疊在裡面使其發酵。然後多次翻攪材料，並在木框上罩上塑膠布放置，約半年到 1 年腐葉土就完成了。

■腐葉土的製作方法

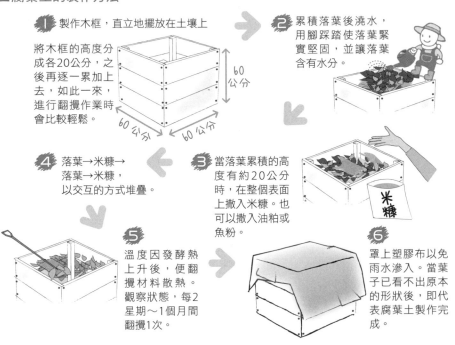

1 製作木框，直立地擺放在土壤上

將木框的高度分成各20公分，之後再逐一累加上去，如此一來，進行翻攪作業時會比較輕鬆。

60公分
60公分　60公分

2 累積落葉後澆水，用腳踩踏使落葉緊實堅固，並讓落葉含有水分。

4 落葉→米糠→落葉→米糠，以交互的方式堆疊。

3 當落葉累積的高度有約20公分時，在整個表面上撒入米糠。也可以撒入油粕或魚粉。

米糠

5 溫度因發酵熱上升後，便翻攪材料散熱。觀察狀態，每2星期～1個月間翻攪1次。

6 罩上塑膠布以免雨水滲入。當葉子已看不出原本的形狀後，即代表腐葉土製作完成。

大規模培育堆肥的重點

　　為使堆肥中儲存的水分容易排放，堆積場所必須選在排水性良好的地點。建議您將土壤堆出數公分高，再用簡易的木材做成有空隙的隔板牆，能讓空氣流通順暢。

　　堆積材料的規模取決於旱田的規模，大約 2 ～ 3 平方公尺（㎡）的空間範圍便非常足夠。在更大規模的空間堆積材料時，必須更加強透氣，或使用麥稈或香榧（*Torreya grandis*）等空隙較多的材料，以確保空氣流通順暢，也必須做好溫度調節的管理。

　　微生物最適合活動的溫度是 30 ～ 40℃，所以冬季堆積材料時，微生物初期的活動性會較低。因此材料必須比夏季的更加緊實堅固，並用木板或稻稈在周圍製作圍籬等，以防止溫度下降。

　　建議可以在夏季時，製作固定大小的木框，利用它們進行堆積，堆肥的用量即可一目了然，非常方便。另外，微生物對紫外線的防禦能力很弱，請發揮巧思，避免堆肥直接曝曬在陽光下。放置在屋外時可利用塑膠布或草蓆覆蓋，可以防止陽光直射，但最好還是放置在有屋頂的堆肥棚內才真正是首選的作法。

屋頂或塑膠布
能防止雨水
引起的氮、鉀等
養分流失

水分維持
在 50% 左右

2-6 堆肥的翻土

堆肥翻土的理由

　　為了能在整個堆肥中持續均勻發酵，必須進行堆肥的攪拌和翻土。如果只是單純堆積，內部的空氣和水分狀態會改變，發酵將不會均勻進行。藉著攪拌和翻土，可重新堆疊出透氣性良好的堆肥狀態。透氣性改善後，堆肥便會呈現出蓬鬆狀態。此外，也能藉由攪拌和翻土，移動堆積的位置。

　　翻土的次數會因使用材料的分量、品質、場所而不同。堆放在戶外的落葉或稻稈堆肥等，大約一年翻攪數次即可。然而，堆肥當中含有木屑這種分解較慢的材料時，若想使堆肥有效率地進行發酵，剛開始的 1 個月內必須每週翻攪 1 次，之後每個月翻攪 1 次即可。

　　如果要在家庭這種小規模空間中製作堆肥時，因為堆肥容積較小，溫度並不會上升到那麼高，當然，頻繁地翻攪就會是成功製出優良堆肥的關鍵。

■翻攪的方法

隨意放置著不管，堆肥的發酵
狀態會不均勻

需要攪拌堆肥來改善透氣性，
讓發酵狀態均一化

大規模地培育堆肥時，也會使用挖土機等
器具翻攪

翻攪的好處多多！除了
能混合堆積物、使堆
積物均一化以外，對堆
肥蓬鬆軟化、移動位置
等也很有幫助喔！

■翻攪的標準

含有木屑材料	初期＝1個月2次、中期以後＝1個月1次
使堆積物有效率地發酵	第1個月＝1週1次，之後＝1個月1次

※翻攪的頻率取決於使用的材料分量、品質、放置場所等。觀察堆肥的狀態，適當地翻動攪拌是很重要的。

2-7 未熟堆肥與完熟堆肥

未熟堆肥與完熟堆肥的差異

未熟堆肥，顧名思義是指尚未熟成的堆肥。未熟堆肥內會殘留葉子或樹枝等原本的形狀，或散發出強烈臭味。相對地，完熟堆肥是指有機物持續進行分解而沒有腥臭味，且水分蒸發後用手觸摸會有蓬鬆感的堆肥。

未熟堆肥是堆肥的原型，因此它本身並不壞。即使投入旱田或菜園，只要種植之前有充裕的時間，有機物便會在土壤中緩慢被分解，成為品質優異的堆肥。然而，如果在種植之前，堆肥發酵時間不充裕的狀態下，將尚未完全熟成的半成品投入土壤中，隨後又進行撒種或栽種的話，微生物會在土壤中活動旺盛，使土壤中的氮缺乏，或產生大量的二氧化碳，對作物造成損害。

此外，在分解尚未完成的過程中，有用微生物不斷增加，病原菌的活動也會在同時間變得活躍，如果在此時進行撒種或栽種，病原菌將會侵入作物的根部而造成危害。

未熟堆肥的使用重點

　　未熟堆肥會殘留材料本來的形狀，或散發出臭味，或握緊時有水分滲出等。一般的堆肥通常要在種植的 2 ～ 3 星期前施用，但使用未熟堆肥時，最少需要在 1 個月甚至更早之前施用，讓有機物在土壤中徹底被分解後再開始種植，這一點非常重要。如果這時能深耕後再投入堆肥，可以使分解快速進行。

■未熟堆肥的弊害

有機物　　　未熟堆肥　　　完熟堆肥

如果在絲狀菌（黴菌）或害蟲卵與幼蟲等病原菌較多的階段施用未熟堆肥的話

❶害蟲的幼蟲會啃蝕根部

❷病原菌侵入根部，出現損害

❸出現生長障礙（多出現在根菜類）

開岔的白蘿蔔

未熟堆肥

馬鈴薯的皮粗糙乾裂

❹出現發芽障礙

產生有害的有機酸或氣體

❺出現氮缺乏症

微生物奪走土壤中的氮

完熟堆肥的判斷方法

那麼，究竟該如何判斷堆肥是否已經是完熟狀態呢？其判斷重點在於：氣味、溼氣、顏色等。

家畜糞便或廚餘等材料的氣味，會隨著發酵和分解的進行而逐漸減少。分解速度較慢的木屑，可用水清洗堆肥後，僅單純取出木屑來判斷氣味。如果尚在未熟堆肥的狀態，則使用的材料本身會散發出氣味。材料使用家畜糞便時，更會產生強烈惡臭。

優質的堆肥，據説不會散發出未經處理的糞便臭味，而會有土壤下緣的氣味。這種氣味是因放線菌活動旺盛而來。而且當發酵和分解持續進行時，材料會被食用，放線菌也會變少。因此，完熟堆肥並不會出現土壤氣味。此外，堆肥中使用大量米糠或澱粉質的材料時，在腐熟的後半階段可能會出現酸甜交織的氣味。這是絲狀菌引起的糠麩氣味。下頁整理了判斷是否完熟的重點。

■完熟堆肥的主要判斷方法

顏色是黑色的！

用手握住時，會有乾爽鬆散的沙沙感和蓬鬆感，而且不會滲出水分。

❶ 讓堆肥含水時如果有糞便臭味，即表示堆肥尚在未熟狀態。出現黏黏的現象也是仍未徹底發酵的狀態。

❷ 將做好的堆肥浸在水中，用雙手的掌心搓揉般地清洗看看。木屑或樹皮仍以塊狀殘留時，可以聞聞看它的氣味，要是仍留有材料本身的氣味，即為未熟狀態。

❸ 切開堆肥塊，觀察內部的狀態。整體呈相同狀態則表示完熟；正中間部分的顏色不同，或是殘有糞便臭味等，則表示發酵不徹底。

❹ 將堆肥放進耐熱杯內約 5 分之 1 高，再注入熱水。就這樣放著則液體會變黑，底部會有沉澱物淤積。優質的堆肥，浮在液體表面上的雜質較少，且液體的顏色濃厚，杯底至液面的液體會呈濃淡平滑的層次狀等，這些都是確認時的重點。

小松菜可以用來測試堆肥完熟度

堆肥和土壤混合，撒下小松菜的種子

即使立刻撒種也會發芽
（約4～5天內）

證明堆肥已達完熟程度

沒有散發出家畜糞便的臭味

即使用掌心揉捏，也不會殘留材料的形狀

2-8 四季的堆肥培育

四季培育堆肥的重點

　　培育堆肥時，溫度會影響有機物的分解進度。如果溫度高，微生物活動旺盛，分解也會順利進行。然而冬天溫度偏低，是微生物不容易增長的季節。依季節的不同，能夠取得的材料也不同，配合這些因素培育堆肥吧！

春天：用青草或剪定殘渣製作

　　新芽萌發、綠意盎然的春天，植物的生長較旺盛，體內會含有大量的氮。纖維組織也比較柔軟，同時也是微生物活動熱絡的季節，即使沒有混入雞糞等材料，堆肥依然能提早完成。這也是雜草種子較少的時期，能放心地直接使用生嫩的雜草作為材料。庭院裡樹木的剪定殘渣也是柔軟的新枝，最適合作為材料使用。

■四季的培育堆肥

夏天：用青草或枯草製作

　　夏天溫度高，微生物的活動旺盛。分解雖也持續進行著，但容易產生惡臭、蚊蠅、蛆等，必須注意勿造成鄰舍困擾。雜草度過生長巔峰期後，體內的氮成分會減少，纖維成分會增加。以纖維成分較多的青草或枯草製造堆肥，比較不容易發出惡臭，最適合成為夏季培育堆肥的方式。

秋天：用落葉製作

　　落葉需要很長的時間進行分解，但飄落到土壤上的落葉表面，有許多微生物生長，是最棒的堆肥材料。不過，秋天的枯草含有大量種子，使用時要多留意。

冬天：用廚房裡的廚餘製作

　　冬天溫度低，是微生物不易增長的季節。活用廚房的廚餘作為材料製作堆肥吧。因為溫度低，在堆肥完成前需要不少時間，但好處是能夠不產生蚊蠅地緩慢進行分解，也不會有明顯的惡臭。

2-9 堆肥的保存方法

減少堆肥的水分是保存關鍵

　　堆肥在製作完成後雖然可以立即使用，如果沒有用完就得妥善保存。但是，如果直接放置保存，有機物會持續分解導致堆肥過熟，必須儘量維持堆肥的品質進行儲藏。

　　堆肥中有許多微生物，為了不使堆肥的品質降低，必須要在不殺害微生物的情形下讓它們暫停活動。

　　微生物活動時需要養分、水分、空氣。只要限制這當中的其中一項，就能暫停微生物的活動。然而，實際上減少微生物的養分有困難。而且如果阻絕空氣，兼性厭氧微生物會開始活動，反而造成堆肥品質下降。因此，除去堆肥的水分是最適合的方法。

　　通常，堆肥的水分約 60％。讓水分降低到 30 ～ 40％，就能在不殺死微生物的狀態下，暫時停止微生物的活動。

　　這個方法必須避免陽光直射，將堆肥薄薄地攤開在日蔭下晾乾。水分在 30 ～ 40% 左右，大約是手觸摸堆肥時幾乎感覺不到水分的狀態。用力握

緊會形成塊狀，但觸摸塊狀後又能立刻碎散開的狀態。

　　儲藏堆肥時，使用老舊絲襪或網子最合適。若使用紙袋，微生物會分解其中的纖維素；若使用塑膠袋，袋內會有水滴附著，可能造成堆肥局部的水分濃度變高或微生物繁殖的情形。將塞滿絲襪或網子的堆肥放入瓦楞紙箱或較大的塑膠袋內（袋口不要緊緊束起，反摺的狀態即可），擺放在日蔭下且通風良好的地點保存。

太陽的紫外線具強力殺菌效果，如果直接曝曬在陽光下，微生物會死翹翹喔！

■堆肥的保管方法

1 讓水分蒸散

在日蔭下薄薄地攤開晾乾，微生物便會在存活的狀態下休眠

2 裝進網子或絲襪內

4 務必放置在日蔭處儲藏

挑選有日蔭的位置

3 裝進瓦楞紙箱內或放進塑膠袋內

袋口反摺

瓦楞紙箱

塑膠袋

最下層鋪上塑膠墊

常見問題的
Q&A 原因與對策！

Q 堆積材料一段時間後，
冒出許多蟲，還發出惡臭？

A 原因：推測是因為材料的水分較多或氮含量較多。水分較多時，兼性厭氧微生物的活動旺盛，有機物腐敗後的氣味會吸引蚊蠅，導致蛆的出現。氮含量較多時，會產生氨而散發惡臭，不過這時會產生熱度，不會出現蟲類。

對策：水分較多時，可以混入稻殼等水分較少的材料，或搭配乾燥的完熟堆肥等使用，調節水分的含量。氮含量較多時，則可混入富含碳成分的稻稈或草類等材料。

Q 溫度沒有上升，發酵沒有進展？

A 原因：推測是因為材料的水分太少或碳含量太多而引起。含水量在 30% 以下時，微生物幾乎不活動，不會呼吸產生熱。此外，只堆積稻稈等材料導致碳含量太多，又缺乏氮時，微生物也幾乎不活動，造成發酵沒有進展。

對策：水分較少時，可以灑水或投入水分含量較多的廚餘或蔬菜殘渣等進行調節。碳含量較多時，可以放入富含氮成分的豆腐渣、米糠、家畜糞便等調整即可。

Q 即使翻攪堆肥，
溫度依然沒有上升？

A 原因：有機物全部被分解，已達完熟狀態後，即使翻攪堆肥，
溫度也不會再上升。但是，即使堆肥仍有未分解的有機物殘
留，只要含水量在 30% 以下時，不管怎麼翻攪，微生物也
不會活動、不會發熱。

對策：只翻攪過 1 到 2 次但溫度卻沒有上升時，請先檢查含
水量。用手握緊堆肥，水分狀態必須是手心留有些微水量的
程度才行。

Q 外觀看起來已經像是完成的堆肥，
但中間卻是黃色，而且發出異味？

A 原因：在培育堆肥的過程中，水分和空氣並沒有一直維持在
適當狀態。若堆肥分解正常進行時，水分會因熱而蒸發，使
表面出現類似堆肥的樣子，但往往中間部位的水分會太多。
空氣流通不佳，中間部位出現氧氣不足狀態。

對策：為改善空氣的流動，請增加翻攪堆肥的次
數。利用翻攪，讓整體的水分量一致。此外，
除了雨天以外，其他時間都請打開上面罩
著的塑膠布，讓堆肥的水分自然蒸發。

適合初學者

用寶特瓶製作堆肥

在自家培育廚餘堆肥的第一步

可以用寶特瓶當容器製作堆肥。因為瓶身透明，可以每天觀察廚餘日漸變細、分解、形狀逐漸消失等模樣，也不失為一種樂趣。1 瓶寶特瓶可以做出的堆肥量很少，但只要多做幾瓶，即可充分供應陽台上花槽或花盆的所需堆肥分量。

需要物品：2 公升（ℓ）的寶特瓶、繩帶、橡皮筋、報紙
材料：廚餘、蔬菜殘渣、乾燥的腐葉土或乾燥的堆肥

作法

❶ 切開寶特瓶的上部

切掉上方較細的部分，把瓶口擴寬，在底部放入數公分（cm）的腐葉土。使用乾燥的腐葉土，以利腐葉土吸收材料滲出的水分。

❷ 蔬菜殘渣切成細碎，放在陽光下曝曬1～2天

把瀝乾水分的廚餘和曬乾的蔬菜殘渣攤開在報紙上，抓一把乾燥的腐葉土加進去混合。

❸ 放入材料

把②的材料緊緊塞進寶特瓶至8分滿，然後在材料上放入腐葉土直到容器頂部邊緣，可防臭和防蟲。

❹ 為了防蟲，須罩上紗布並用橡皮筋固定

罩上紗布並用橡皮筋固定，放置在不會淋到雨且溫度在20～30℃的場所。

❺ 約2個星期～1個月後進行翻攪

攤開在報紙上混合材料後，再裝回瓶內。

❻ 廚餘原本的形狀完全消失即完成

以顏色、氣味、手感，確認完熟程度。

第3章

堆肥的用法

經常有人以為無論施加多少堆肥都不會造成損害，然而，堆肥中使用的材料有什麼差異、適用於何種作物、土壤的性質等，為何使用、在何時使用、以何種方法使用等種種變因皆會影響堆肥的成效，甚至會有完全不同的效果。因此，首先必須進行土壤診斷，確實掌握土壤的養分均衡，然後思考各作物的特徵，以適當的方法使用適宜的量。

3-1 堆肥的使用目的和用法

堆肥的使用目的有二大類

堆肥的種類繁多，依據使用目的不同，可大略分成 2 大類。第 1 類是以土壤改良為目的的堆肥，第 2 類是針對作物提供特定肥分效果的堆肥。

❶ 以土壤改良為目的使用

要改善土壤環境時，可使用以腐葉土或樹皮等，以植物材料為主的植物質堆肥。

這些堆肥僅含有微量的肥料成分，但內含豐富的碳成分，能成為微生物的食物，因此可促進堅韌的土壤團粒化，也能改善排水性和保水性，使透氣性與保肥力提升，讓土壤蓬鬆有彈性。

❷ 以肥分效果為目的使用

期待植物生長所需的肥分效果時，可使用以牛糞、雞糞等家畜糞便，或廚房製造出來的廚餘（食品廢棄物）等原料製作堆肥。這些堆肥也具有土壤改良效果，但主要是以供給肥料成分（氮、磷、鉀）為目的，在改善土壤化學性的效果上十分出色。但依據材料種類的不同，肥料成分會有差異，若使用

上沒有留意，反而會破壞土壤中肥料成分的均衡，為植物製造了惡劣的生長環境，因此必須多注意。

堆肥和肥料的關係

堆肥中也有肥分效果極高的種類，但並非只憑靠堆肥就能涵蓋植物所需的所有養分。

例如，堆肥內所含的肥料成分，如未經微生物分解植物將無法吸收，因此功效非常緩慢。雖然也有雞糞堆肥等比較快速發揮功效的種類，但基本上基肥只仰賴堆肥時，可能會使植物初期生長不良。這時，必須兼用速效性的化學肥料輔助。

此外，堆肥內雖含有為數眾多的肥料成分，但如果目的是為了調整過多或不足的成分使整體肥分均衡，便需要投入化肥。

因此，堆肥和化肥具有相互互補的關係，請先有這樣的認知。

先決定目的是培育土壤，還是提供植物養分，再使用堆肥吧！

3-2 堆肥的種類和用法

堆肥可依材料分成二大類

　　堆肥的用法，是依照主材料是植物質的原料，還是家畜糞便或廚餘等肥料成分較多的動物質原料作區分。

　　在用法上，兩者極大的差異在於：使用堆肥後是要補充化肥，還是反過來減少肥料，以及使用堆肥和石灰的間隔時間需要多久等。

　　以下，將依序介紹活用各堆肥特色的使用方法。

植物性堆肥作主材料

　　使用落葉、樹皮、剪定殘渣、稻稈、稻殼、木屑等植物作為主材料，使植物的纖維成分分解製成的堆肥，就屬於這一類。也有為了促進分解而加入米糠或油粕，或者加入雞糞或牛糞的類型。

　　以植物性為主材料的堆肥中幾乎不含氮成分。然而取而代之的，它在促進土壤團粒化、改善排水性、保水性、透氣性、製造蓬鬆土壤等方面具有高效果，是植物性堆肥的特徵。

植物性的堆肥
（如腐葉土），
大多是用來
培育土壤的喔！

此外，投入堆肥後的分解速度相當緩慢，因此肥分效果持久，但是短缺不足的氮成分卻必須以肥料方式投入到基肥內補充。在堆肥仍處未熟階段就使用的情形下，土壤中的氮也會在分解過程中被吸收，這時也需要多施用一些氮肥。

幾乎不含氮成分的植物性堆肥，即使與石灰材料同時使用，也不必擔心氮成分會成為氨氣排出。不過，在植物性堆肥內混入家畜糞便等材料使用時，同時使用石灰材料後，如果立即撒種或植苗，將會產生氨氣而使作物受到損害。

■植物性堆肥所含之主成分的標準比例

種　類	含有成分的標準比例（％）		
	氮	磷	鉀
腐葉土	0.3〜1.0	0.1〜1.0	0.2〜1.5
樹皮堆肥	0.8〜3.0	0.2〜2.0	0.3〜1.0
落葉堆肥	1.5〜2.0	0.1〜1.0	0.2〜2.0
稻稈堆肥	0.4〜2.0	0.1〜2.0	0.2〜3.0
稻殼堆肥	0.2〜1.0	0.1〜1.0	0.2〜1.0

因主材料不同，含有的成分比例會不同。

腐葉土或樹皮等植物性的堆肥，肥料成分的含量會比較少喔！

動物性堆肥作主材料

　　肥料成分較多的動物性堆肥，主要是以牛糞、豬糞、雞糞等家畜糞便或廚餘為主材料。

　　市售品當中，有許多家畜糞便堆肥會另外再添加樹皮、稻殼、木屑等植物質材料進行腐熟，但也有單純是家畜糞便的種類。根據牛或雞等家畜種類的不同，肥料成分的含量也會不同。基本上會含有較多的氮和鉀成分，但相對地，植物纖維會比較少，因此土壤改良效果（培育土壤的效果）不佳。

　　在家畜糞便內加入大量樹皮或稻殼等植物質材料的堆肥，能同時兼具肥分效果和土壤改良效果。

　　家畜糞便堆肥含有大量的氮和鉀，必須千萬注意不要施用過量。例如，施用在番茄等果菜類或甘薯等根菜類時，會只有莖和葉非常茂盛，不會結出花、果實、甘薯。

　　要評估使用的堆肥內含有多少肥料成分和土壤的養分，並調整堆肥的施用量，使成分和養分均衡。用來調整施用量的堆肥投入標準請參閱 87 頁的表。如果是放入肥料成分較多的堆肥，則必須控制基肥中氮和鉀的施用量，讓它們比標準更低。

　　夏季高溫期大量施用堆肥時也必須注意。這是因為當肥料成分較多時，分解作用會急遽地進行而產生氨氣或有機酸等，使植物受到氣體危害或肥害等損害。

此外，也請避免將家畜糞便堆肥或廚餘堆肥，與用來調整酸度的石灰材料同時施用。這是因為家畜糞便堆肥內所含的氮成分會和石灰材料發生反應而形成氨氣排出。此時不僅會失去難得的氮成分，氨氣還會損傷作物。

　　家畜糞便堆肥或廚餘堆肥，請在投入石灰材料的 1 個星期前施用。此外，施用這些堆肥後，請立即翻耕土壤，讓土壤與堆肥混合均勻。

■動物性堆肥所含主成分的標準比例

種　類	含有成分的標準比例（％）		
	氮	磷	鉀
牛糞堆肥	2.0～2.5	1.0～5.0	1.0～2.5
牛糞樹皮堆肥	1.0～2.5	0.5～2.0	0.5～1.5
雞糞堆肥	3.0～5.0	5.0～9.0	3.0～4.0
豬糞堆肥	3.0～4.0	5.0～6.0	0.5～2.0
廚餘堆肥	3.5～3.7	1.4～1.5	1.0～1.1

因堆肥的主材料不同，含有的成分比例會不同。與植物性堆肥相比，肥料成分較多。

在廚餘內混入乾燥的咖啡渣等物質，可幫助吸收氨等氣味成分喔！

堆肥的施用量標準

即使是肥料成分豐富的堆肥，仍然有微生物分解有機物的過程。因此堆肥的肥效會比化學肥料緩慢，作物吸收的效率也沒有化學肥料來得好。

然而，堆肥過度施用會引起作物生長障礙等疑慮。為了避免這種情形，必須將施用的堆肥量控制在適當的標準內。**植物性堆肥每 1 平方公尺使用 2～5 公斤**，家畜糞便堆肥或廚餘堆肥等肥料成分較多**動物性的堆肥，則以0.5～1公斤為一般用量**。另一方面，避免使用促進分解的米糠或油粕等材料，單純只使用以落葉製成的腐葉土，無論施用多少量都不會使土壤的養分過剩。

此外，雖然統稱為家畜糞便堆肥，但根據動物種類不同，成分含量和效果也不一樣。以市售品流通販售的牛糞堆肥和雞糞堆肥為例，因牛是草食動物，糞便中含有大量的纖維成分，但雞多食用營養價值高的穀物飼料，因此雞糞內所含的肥料成分比牛糞的多。豬糞比較不常在市面上流通，但可以把它想成是介於兩者之間的狀態。肥料成分較多的**雞糞堆肥以每 1 平方公尺使用 500 公克為標準**，肥料成分較少的**牛糞堆肥，則以每 1 平方公尺使用約 2 公斤為標準**。

除此之外，也因土壤性質不同而必須改變施用量。例如，土壤若為砂質，保肥力較小，要是給予

即使同為家畜糞便堆肥，牛糞和雞糞的肥料成分不同，施用量也會不一樣喔！

過量的肥料成分，植物將有發生肥害的危險。在砂質土壤內施用肥料成分豐富的堆肥時，請將施用量控制在低於標準值一半的狀態。

■適當的施用量依土質而異

每 1 平方公尺的適合施用量（以公斤計）

種　類	土　質	
	一般旱田	砂質旱田
雞糞堆肥	約0.5	約0.2～0.3
雞糞＋腐葉土、樹皮堆肥※	0.5～1.0	0.3～0.5
豬糞堆肥	約1.0	約0.5
豬糞＋腐葉土、樹皮堆肥※	1.0～2.0	0.5～1.0
牛糞堆肥	約2.0	約1.0
牛糞＋腐葉土、樹皮堆肥※	2.0～3.0	1.0～1.5
腐葉土、樹皮堆肥	2.0～5.0 因幾乎不含肥料成分， 可以多添加一些	2.0～5.0

※植物質的材料和家畜糞便的比例為1：1。

■砂地的保肥力較弱

肥料成分若無法儲存在土壤的膠體粒子內，則土壤中水溶液的肥料濃度會變高，根部會如鹽漬般被奪取水分。這就是肥害的狀態。

肥料成分太～多了……

砂地

■堆肥和肥料的效果相關圖

佳

肥分效果

化成肥料

●肥分效果佳，
 適用於基肥與追肥

以無機物為材料的肥料，以
含有氮、磷、鉀等三要素的
類型居多。溶於水後會立
即被根部吸收，具有速效
性。市售品中，也有包膜
（coating）等慢慢發揮效
用的緩效性包膜肥料。液體
肥料為速效性。

發酵有機肥

●肥效佳，在有機肥
 中屬於速效性肥料

混合油粕、雞糞、米
糠或骨粉等各種有機
材料發酵後的肥料。
具速效性，也適合作
為追肥使用。

有機肥肥料

●具肥分效果，
 也具培育土壤效果

以植物或動物等天然成分
為材料製成的肥料。經由
土壤中微生物作用而發酵
分解，材料無機化之後便
被植物吸收。雖然在發揮
肥分效果前需要不少時
間，但效果卻相當持久。
僅使用單一材料製成時，
肥料成分會有偏差，組合
多種類使用的情形居多。

劣

劣　　　　　　　　　　土壤改良（培育土壤）效果

草木灰

●兼具培育土壤效果的鉀肥

速效性的鉀肥。屬於鹼性，也可以用來調整土壤的pH值。

家畜糞便堆肥

●肥分效果佳，也兼具培育土壤效果

以家畜糞便為材料發酵製成的堆肥。具出色的保水性及保肥性，含有肥料成分，肥分效果高。也具有土壤改良效果。

廚餘堆肥

●家裡廚餘的應用。肥分效果也很棒

只要靈活運用魚渣、蔬菜殘渣、咖啡渣、茶葉等家裡產出的廚餘，就能做出肥分效果極高的堆肥。

碳化稻殼（燻炭）

●培育土壤效果佳，也能調整 pH 值

把稻殼煙燻，使其碳化。混合在土壤中能改善透氣性和保水性，且有助於防止根腐病，也可以調整土壤的 p H 值。

樹皮堆肥　●培育土壤效果佳

以樹皮或剪定殘渣等植物質為材料發酵製成的堆肥。有良好的透氣性和排水性，也有助於土壤改良。本來肥分效果偏低，但市售品大多另外添加了雞糞或油粕等發酵輔助材料。

腐葉土

●培育土壤效果佳，能蓬鬆土壤

堆積闊葉樹的落葉發酵製成的堆肥。具有培育土壤的效果。只要使用庭院裡的樹木或公園的落葉等，在家裡也能製作腐葉土。

無機質的改良用土

●改善黏土質或砂質土壤的構造

用土本身具備改變土壤物理性狀態的物質。珍珠石有良好的透氣性和排水性，蛭石有豐富的保水性，也有適當的透氣性。河砂的透氣性佳。

佳

3-3 土壤培育的基本流程

投入堆肥前先進行土壤診斷

在家庭菜園種植蔬菜或花卉之前，必須先準備適合撒種或種植的土壤。為了打造出適合植物生長的環境，要先投入堆肥再翻耕土壤，但如之前所述，若沒有掌握住土壤中含有的肥料成分與分量，將會破壞土壤中的養分均衡，反而對植物造成損害。

培育土壤的大致步驟為以下①～④的行程，至於要在何時、投入何種物質、以及投入多少量等，判斷這些條件的重要工作即為「土壤的健康檢查」。土壤培育的第一步，首先，從了解土壤的狀態開始。

❶ 進行土壤的健康檢查

檢查土壤的排水性、保水性、透氣性的優劣等，診斷土壤的 pH 值和養分均衡的程度。確實掌握土壤的狀態，才能夠遵守堆肥或肥料適合的施用量。

土壤pH值和養分均衡的測量方法，刊載在後面的92～93頁喔！

❷ 投入堆肥，翻耕土壤

　　先進行拔草，除去雜草的根、石頭、垃圾等物質後，即可投入堆肥。發揮效果雖然會因堆肥種類和發酵狀態而異，但至少必須在移植或撒種的 2～3 個星期前進行施肥。邊翻動堆肥，邊弄散較大的土塊，讓堆肥與土壤的顆粒融合。

❸ 投入石灰材料

　　土壤傾向酸性時，可投入石灰材料。然而，也有某些植物偏好酸性，所以在投入之前必須先調查栽培作物適合的酸度再進行調整。此外，同時施用石灰材料和肥料時，可能會和家畜糞便肥料一樣產生氨氣，因此石灰材料最好是在投入基肥的 1 個星期前施用。

❹ 投入基肥

　　將植物生長所需的養分作為基肥混進土壤中。化學肥料或發酵有機肥，必須在撒種或種植的 1 個星期前投入。油粕等未發酵的有機肥料，則必須在 2～3 星期前使用，讓肥料在土壤中充分適應。

調查土壤養分的均衡程度

＊編註：
在台灣檢測肥料成分
的專業機構：
① 行政院經濟部標準
　檢驗局

② 國立中興大學土壤
　調查試驗中心

③ 行政院農委會農業
　試驗所

④ 行政院農委會各地
　區改良場－桃、苗、
　中、南、高、東、
　花。

　　施用堆肥的標準基本上以 1 年 1 次、在種植前投入堆肥即可，但因肥效發揮的速度慢，若持續大量投入，養分會在不知不覺間積存在土壤中，造成養分過剩。

　　土壤健康檢查的步驟，是先觀察與觸摸土壤，再進行物理性檢測，然後使用 pH 值測試紙等檢測土壤的 pH 值。之後，還必須調查土壤的養分均衡程度，防止施用堆肥或肥料所造成的養分過剩問題。然而，若要精確地調查出土壤中含有多少肥料成分，則必須委託 JA（日本農業協同組合連合會）等專業機構＊執行。

　　這裡推薦的是可以輕鬆查出土壤肥料成分的方法，即使用農大式簡易土壤診斷試劑盒「綠精靈（みどりくん）」來檢測。除了能藉此得知肥料三要素的氮、磷、鉀的各成分量以外，還能夠分析出土壤的 pH 值。民眾可經由各製造商或種苗公司函購取得。

　　此外，這個試劑盒是用過即丟的類型，另有販售一種可重複使用的 EC 計（量測電導度）。市售的簡易型 EC 計雖然價格不怎麼便宜，但只要購買了，任何時間都能輕鬆測量，相當方便。

想知道更詳細的
土壤健康檢查方法，
請參考《【超圖解】
土壤、肥料的基礎知識 &
不失敗製作法》一書。
（晨星2015年10月出版）

「綠精靈」的使用方法

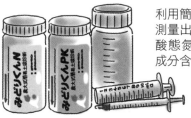

利用簡單的操作，即可測量出土壤中的氮（硝酸態氮）、磷、鉀的各成分含量及pH值。

挖溝，在深5～10公分處插入土壤採樣器

取出5毫升的土壤

將採樣的土壤裝進塑膠容器內

將試紙浸在懸濁液內3秒鐘後取出，1分鐘內會有反應

倒入市售的純水至50毫升（mℓ）的線，再激烈搖晃1分鐘

將試紙塑膠側面的顏色和容器表面的比色表比較，讀取數值。上方為pH值，下方為硝酸態氮。讀出pH值的測量值為6.5～7.0、硝酸態氮的測量值為5時，表示每10公畝（a）*（至深度15公分止）含有5公斤。

將測量值換算成每1平方公尺（㎡）時

由於10a*為1000平方公尺、5公斤為5000公克，因此5000÷1000＝5，從基肥的每1平方公尺中取出5公克分量施肥。另外，磷酸和鉀也可利用同樣的方法測量。

* 編註：10a（公畝）＝ 0.1 公頃 ≒ 1 分地

■精巧型 EC 計

究竟含有多少程度的肥料成分，只要檢測了EC值（電導度），就能知道大略的數值，真是方便啊。也有販售能同時測量pH值的商品。

3-4 栽培場所和堆肥的施肥方法

在旱田培育蔬菜時

旱田完成除草後投入堆肥,要翻動土壤讓土壤和堆肥徹底混合。翻動旱田有幾個目的:1.讓較深層的土壤也變得鬆軟,且含有大量氧氣;2.弄碎土塊,使堆肥和肥料等物質和土壤粒子混合;3.改善排水;4.加深根部擴展的表土層等。

在旱田栽種蔬菜時,通常會先整頓成田壟(田埂)後再栽培,目的是為了改善排水、穩固表土層。而且依培育的蔬菜不同,堆肥或肥料的施用方法也會不同,必須配合作物培壟。

施肥的方法有將肥料撒在整個旱田上,再充分耕作、混入土壤深 15 ～ 20 公分(cm)處的「**全面施肥**」;在犁出田埂之前,先於田埂中央的位置挖掘條溝,然後在溝內施肥後,再將土壤倒回溝內,做成田埂的「**開溝施肥**」;以及施肥在定植孔下方部位的「**定植孔施肥**」等 3 種。

家畜糞便或廚餘堆肥等肥料成分較多的堆肥,利用開溝施肥或定植孔施肥等局部施肥的方式也很有效果。

◢1◣ 全面施肥
適用於小松菜或菠菜等蔬菜

因施肥作業輕鬆且堆肥已均勻混合，故能成為旱田土壤培育的好方法。但需要用到大量堆肥，且施用後若立即撒種或種植會出現肥害。

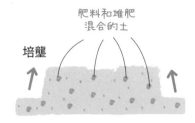

肥料和堆肥混合的土

培壟

◢2◣ 開溝施肥
適用於番茄、小黃瓜、茄子等果菜，以及白蘿蔔、胡蘿蔔等根菜

堆肥毫不浪費地長效期發揮效用。施肥後可立即撒種或種植，但根部伸長到堆肥或肥料位置之前不會有功效。

用土壤覆蓋

肥料、堆肥

培壟

◢3◣ 定植孔施肥
適用於番茄、小黃瓜、茄子等果菜

開溝施肥的一種。在部分位置挖掘洞孔施肥，因此堆肥或肥料的分量能毫不浪費地長時間發揮效用。

肥料、堆肥

肥料成分的需求程度

	草　花
需求較多	矮牽牛花 三色菫 鼠尾草 萬壽菊 雞冠花 藿香薊
需求普通	香豌豆 金盞草 牽牛花 鳳仙花
需求較少	金魚草 彩葉草 蘇丹鳳仙花

※堆肥通常以1～2公斤／平方公尺進行全面施肥。

在花壇培育花卉時

庭院的花壇不需培壟，直接栽種亦可，然而，依據種植一年生草本植物還是多年生草本植物，堆肥的施用量的標準值會不一樣。

❶ 種植一年生草本植物時

一年生草本植物，是指從撒種、發芽、開花、結果、至枯萎的所有過程全都在 1 年以內發生的草花。在花壇內培育這類草花時，幾乎各種類的腐葉土或家畜糞便的堆肥都適用，但務必在撒種或種植的 2 ～ 3 個星期前施用堆肥，讓土壤充分適應。

施用量方面，植物質堆肥每 1 平方公尺（㎡）使用 1 ～ 2 公斤（kg），家畜糞便等肥料成分較多的堆肥則必須控制在 1 公斤左右，尤其雞糞堆肥要限制在 0.5 公斤以下。

肥料成分的氮、磷、鉀這三要素必須掌握均衡，氮過多只會讓莖和葉非常茂盛，卻不會開出美麗的花。

依照花卉種類的不同會有不少差異，但品種改良過的草花，會需要更多的肥料成分。相反地，幾乎未進行過改良、接近野生品種的植物，則不太需要肥料成分。在此前提下，施用堆肥時根據所培育的是何種草花而改變堆肥的施用量是很重要的。

一年生草本植物幾乎適用各種種類的堆肥，但氮含量太多會使花朵無法美麗綻放，要記得喔！

❷ 種植多年生草本植物時

　　多年生草本植物，是能夠存活 3 年以上的草花總稱。有蘭花或萬年青類等一整年都有綠葉的類型，以及冬季時植物的地上部 * 會枯萎，只剩地下部仍存活的宿根草花類型。

　　種在花壇內的多年生草花主要以宿根草花居多。只要種植一次且管理得當，即能長時間享受賞花之樂。

　　多年生草花是一經種植即無法再挖掘出來的類型，所以中途才施用堆肥會非常麻煩。因此與一年生草花相比，多年生草花通常在種植時便會投入相當豐富的堆肥。腐葉土等植物質堆肥大多每 1 平方公尺使用 2 ～ 3 公斤以上，至於家畜糞便堆肥，因雞糞堆肥效用較不持久，使用纖維成分較多的牛糞堆肥投入 1 ～ 2 公斤較好。

　　在肥料成分當中的磷，因為能使花朵綻放美麗而具有必要性。雖依草花種類不同而無法一概而論，然而，生長較大的作物會更需要磷肥。

　　菊花或康乃馨等草花對肥料成分的需求量較多，施用堆肥後，可在春芽冒出之前每 1 平方公尺使用 200 ～ 300 公克左右的普通化成肥料補充肥料成分。然後在 2 個月後進行追肥，之後再觀察狀態追肥即可。

* 編註：
① 地上部：
　幹、枝、葉

② 地下部：
　根

多年生草花在種植前
必須先投入豐富的堆肥
來培育土壤，
如果種植許多種類，
一整年都會很有樂趣喔！

用花盆或花槽栽培時

　　以花盆或花槽等容器栽培蔬菜或花卉時，直接把旱田或庭院的土壤放進容器使用是導致栽培失敗的主因。使用容器栽培時，必須在有限的空間內讓植物生根成長，所以土壤的好壞比在旱田或花壇栽培時更加重要。

　　以下將介紹使用容器栽培時的堆肥用法與重點。

❶ 透氣性和排水性相當重要

　　在旱田或花壇栽培時，根部需要水和空氣才能自由伸展，可是在容器栽培時，根部只能在有限的空間內伸展。因此容器栽培中的土壤透氣性和排水性必須比旱田或花壇更好。

　　要滿足這個條件，除了作為基底的基本用土外，還需要加入混合多種改良用資材的土壤，不過這裡使用的堆肥不是肥料成分較多的類型，而是選用腐葉土或樹皮堆肥等植物纖維較多且能提高土壤功能的堆肥。

　　大體來說，無論是旱田的或是庭院的土壤，作為基底的基本用土可使用周遭的土壤（紅土、黑土、赤玉土等）即可。然後，再將腐葉土等植物質堆肥或泥炭蘚以大約 6：3 ～ 6：4 的比例混合進去。之後再加入約 10％ 的改良用資材（珍珠石、碳化

稻殼、沸石等），即可改善透氣性和保水性。

❷ 必須在種植的 1 個月或更早之前進行培育土壤

為了讓腐葉土和基本用土能充分混合，土壤培育必須在 1 個月甚至更早之前進行。

花盆或花槽的土壤容量有限，而且土壤培育時必須特別重視排水好壞，因此必須頻繁灌水以免缺肥或缺水。

■容器栽培用土的混合例

改良用資材 10%
蛭石、珍珠石、碳化稻殼（燻炭）、沸石等

基本用土
50～60%
紅土、黑土、赤玉土等

植物性資材
30～40%
腐葉土、泥炭蘚、樹皮堆肥等

在基底用土內加入3～4成的植物性資材就可以囉！不過1年後效用就會降低，這時就要重新培育土壤喔～

這時要加入苦土石灰（每1公升的用土加1公克）和化成肥料（若是N：P：K＝15：15：15的類型，每1公升的用土加1～2公克）。

3-5 依作物特性的施肥方法

配合作物的吸收特性施肥

施用堆肥時，不應該將肥料和堆肥分開思考，而是必須包括堆肥內含有的肥料成分，一併綜合考慮施用量。

此外，也必須注意不同的堆肥種類會有分解快慢的差異。請思考所栽種的蔬菜或花卉在哪個時期需要哪種肥料成分後再施肥。如此一來，不只作物能順利生長，也能只供應所需肥料成分的必要量，對整體環境溫和，真正達成園藝綠化的目的。

以下將肥料成分的吸收特性依照各作物區分成伸長型、平常型、先行吸收型等 3 類進行說明。

伸長型

伸長型是在種植初期時緩慢生長，然後從根部或果實的肥大期至收成期一鼓作氣般需要肥料成分的類型。白蘿蔔、胡蘿蔔、西瓜、南瓜、哈密瓜等皆屬於此類。肥料成分較多的堆肥和基肥必須先控制用量，之後再用追肥補充即可。

平常型

　　平常型是整個生長期間都需要肥料成分的類型。番茄、小黃瓜、茄子、青蔥等生長期長的作物即屬此類。多數草花也被分在此類，但為使其綻放美麗花朵，需要大量磷肥。相反地，若氮含量一直很多，則無法開出美麗花朵。

先行吸收型

　　先行吸收型是必須從生長初期開始給予養分才能生長的類型。菠菜、蕪菁（大頭菜）、甘薯、馬鈴薯、萵苣等生長期短的蔬菜皆屬此類。培育土壤時，必須利用堆肥或基肥提供充足的肥料成分。

　　附帶一提，家畜糞便的肥分效果當中亦有差異。雞糞是速效性，牛糞是遲效性。因此，只要組合這 2 種，即可配合上述 3 種吸收特性使用堆肥。例如，伸長型以牛糞為主體，平常型可組合雞糞和牛糞使用，先行吸收型則以雞糞為主體，像這樣配合各作物肥料成分的吸收特性分別使用堆肥即可。

只要知道栽種的蔬菜或
花卉何時需要
何種養分，就能知道
堆肥或肥料的施用時機
及施肥方法呢。

3-6 依土壤性質的施肥方法

改良黏土質土壤時

用指尖搓揉土塊時，如果有滑溜感就是黏土質的土壤。

黏土質土壤有良好的保水性和保肥性，但卻有排水性和透氣性不佳的缺點。一旦乾燥，地表面會變得硬梆梆的，或是表面出現裂紋等，翻動土壤也很辛苦。以下是為了改良土質而施用堆肥的方法。

❶ 堆肥的施用方法

每年，以每 1 平方公尺（㎡）施用 2～3 公斤（kg）的腐葉土或樹皮堆肥等植物質的堆肥培育土壤。如此一來，土壤會變得蓬鬆，能逐漸改善黏土質土壤。

❷ 也可試著使用改良用土

如果只使用堆肥的情形下沒有出現明顯效果，也可以在堆肥以外另外加入河砂或珍珠石等多孔質的土壤改良材料。標準的施用量為每 1 平方公尺施用約 5 公斤。施用後會有空隙形成，使排水性和透氣性更加改善。

偏好黏土質土壤的蔬菜

里芋（小芋頭）對乾燥環境的抵抗力弱，且偏好保水性良好的土壤，若用黏土質土壤栽種，會栽培出黏稠溼潤的口感。其他如毛豆等作物也比較偏好黏土質的土壤，能使生長狀態更好。

改良砂質土壤時

用指尖搓揉土塊時，如果有粗糙的不光滑感就是砂質的土壤。砂質土壤除了一小部分的作物（西瓜、南瓜……等），基本上是不適合培育蔬菜的。

砂質土壤的排水性和透氣性良好，但保水性和保肥性不怎麼出色。因此不只水分和養分容易流失，如果用對待一般土壤的方式施用成分較多的堆肥時，作物會引發肥害。

要改善此問題有以下幾種方法。

❶ 加入堆肥和黏土質土壤

放入與砂質土壤相反性質的黏土質土壤即可改良砂質土壤。不過，如果只放入黏土質的土壤，細砂會摻入黏土質當中，反而容易使土壤變硬。

這時，可在培育土壤最初的階段大量施用腐葉土等植物質堆肥，並同時放入紅土或黑土等黏土質較多的土壤。標準施用量為每 1 平方公尺施用堆肥 4 公斤、黏土質土壤 2 公斤。然後散布在整個旱田或花壇上，和土壤充分混合。

❷ 也可以用改良用資材替代

也有使用蛭石或沸石等改良用資材取代黏土質土壤的方法。標準施用量為每 1 平方公尺施用 1～2 公升（ℓ）。雖然成本不便宜，但效果顯著。

偏好砂質土壤
的蔬菜

雖然也跟砂質粗糙的程度有關，但大致上西瓜、南瓜、甘薯、落花生等作物偏好砂質土壤。在栽培番茄時，也可能為了增加糖度而大膽地使用砂質土壤來限制吸水。

難以準備這些改良用土時，可以和堆肥或肥料混合後放進定植孔內，即可只用少許分量達到效果。

3-7 不同環境下的堆肥分解狀態

夏季和冬季有極大不同

　　堆肥的分解快慢會受溫度影響。這是因為分解作用和微生物的活動息息相關。根據微生物種類的不同，最適合活動的溫度也不一樣，一般來說，土壤微生物的活性到達最大時是 30～60℃。因此冬季時的堆肥分解速度會比夏季時緩慢許多，且氮成分的產生量也被限縮。

　　究竟夏季和冬季的氮成分產生量有多少差異呢？將半年內產生且作物能夠吸收的氮（無機態氮）分成夏作時期（4 月至 9 月）和冬作時期（10 月至隔年 3 月）比較，得知夏作時期可以分解堆肥內氮成分的 23％，相對地，冬作時期只能分解14％。

　　冬季施用堆肥時，因堆肥內氮成分的效果比夏季施用時差，必須用基肥或追肥等補充缺乏的氮成分。不過，夏季溫度偏高的時候，如果土壤持續乾燥又缺乏水分，微生物的活動能力較弱，堆肥的分解也會難以進行，必須事先預防。

水分和土壤 pH 值也不同

堆肥中的微生物活動不只受到溫度影響，也會被土壤內的含水量、pH 值、土壤性質等因素左右，這些條件也會使微生物對堆肥的分解能力出現差異。

土壤的水分以最大容水量（能吸收的最多水量）的 50 ～ 60%最適合。

微生物的種類不同，偏好的水分量也會不同。絲狀菌和放線菌喜歡稍微乾燥一點，但是在極度乾燥的環境下不會活動。最近，水分稍多的環境被認為是比較適合這些菌種的，然而，過度溼潤會使兼性厭氧菌開始活動，使堆肥的分解停滯不前。

一般來說，土壤的 pH 值為中性是最適合微生物活動的狀態，堆肥的分解也會比較旺盛。在極度酸性或鹼性的環境下，多數微生物的活動會降低。根據微生物的種類，合適的 pH 值無法一概而論，舉例來說，細菌或放線菌適合中性，而絲狀菌適合微酸性。

一旦超過62℃，蛋白質會開始凝固，微生物和酵素會出現變質受損。

■ 微生物容易活動的環境和條件種類

原料	溫度	水分	氧氣
絲狀菌	15～40℃	20～80%	喜歡
酵母菌	15～40℃	偏好多一點	適應的範圍廣泛
納豆菌	30～65℃	20～80%	非常喜歡
放線菌	30～65℃	20～80%	非常喜歡
乳酸菌	15～40℃	一定要有	不喜歡

● 數值和內容常見於農業領域。

● 納豆菌是指枯草菌等芽孢桿菌。

● 納豆菌、放線菌當中，也有高達80℃左右仍繁殖的菌種。

把現成廚餘拿來利用

對環境溫和的廚餘

有效利用有機物的方法中，推薦「直接使用廚餘」。以一家四口的標準家庭為例，一天產出的廚餘大概約 1 公斤。直接利用此分量的廚餘，作為作物的肥料，也對環境相當溫和，是一舉兩得的事。

和先前介紹廚餘堆肥的作法不同，這邊為了防止有機物分解時產生的氣體，而無法立即栽種，但好處是氮含量十分豐富，只要補充含有磷和鉀成分的發酵雞糞，就能成為價格低廉且對環境溫和的肥料。也可以直接在旱田混合廚餘，但冒出土壤表面時會釋放惡臭，或是招來花蠅，最好以開溝施肥的方式使用。

廚餘的施用方法

在田埂下挖掘深約20公分（cm）的細長溝渠後放入廚餘。

❶在部分溝渠內放入1天分量或數天分量的廚餘。

❷將挖起的土約一半的量放回溝渠內，和廚餘充分混合。

❸將剩下的土也放回溝渠，並將表面整平。

❹隔天或數天後，再將廚餘放進上次放入廚餘的溝渠的下個位置，進行②～③步驟。

❺重複這項工作，經過1個月後，可從放入廚餘的位置開始栽種

將標準家庭1天產出的廚餘（約1公斤）直接放入旱田的田埂時，以長約30公分（cm）為標準。重複這項工作，經過1個月後，可從放入廚餘的位置開始栽種。要讓整個旱田能同時使用相當困難，但只要將投入廚餘的田埂和進行栽種的田埂錯開，有計劃地進行栽種，應該就沒問題了。

第 4 章

綠肥的效果和用法

在土壤中補充有機物的方法並非只有有機肥料和堆肥。另一種有效的方式，就是本章要介紹的「綠肥」。綠肥不僅能將有機物還原使土壤蓬鬆，還能夠吸取儲存在土壤中的肥料成分以調整養分均衡，也能夠防止連作障礙和土壤病害。現在，就來看看目前廣受矚目的綠肥效果和用法吧。

4-1 綠肥是什麼

近年受到矚目的土壤培育法

關於發酵有機肥的說明，請參考《【超圖解】土壤、肥料的基礎知識＆不失敗製作法》一書（晨星 2015 年 10 月出版）的 p.136。

　　如前述，堆肥是施用在土壤中具代表性的有機材料，但並非只有堆肥是有機物。例如，油粕、雞糞、米糠等材料也是有機肥料，或是使這些材料發酵的發酵有機肥。不過，這些有機材料因含有豐富養分，並非只作為土壤培育的材料使用，也常作為肥料。

　　除上述可以用來提高土壤培育效果的材料以外，尚有本章要介紹的「綠肥」。所謂綠肥，是不採收栽培的植物而直接耕入土壤內作為肥料的方法，此外，特地用來耕入土壤內的植物稱為綠肥作物。燕麥等麥類、玉米或蘆粟（sorgo）等禾本科植物、或者三葉草、紫雲英、田菁等豆科植物，以及其他如萬壽菊、向日葵、油菜等各式各樣的種類都是常見的綠肥。

　　綠肥或許對一般園藝愛好者來說仍是不太熟悉的專業用詞，但這是農家自古以來常用的栽培法，近年來不只有機農業，在一般農業上也占了舉足輕重的地位。

綠肥是自古以來栽培作物上的智慧。最近還進行更新更精進的研究喔！

不採收作物，翻耕入土後再使用

　　綠肥逐漸在家庭園藝界聲名遠播。其理由之一，就是它與堆肥不同，不需在其他地方先發酵，費時費力。如同前述，要讓有機物變成完熟堆肥，不論規模大小，都需耗費相對大量的技術與時間。然而，綠肥則是將栽培的植物，直接耕犁進土壤中即可。換個說法，就是捨棄將有機物放在他處培育成堆肥，而是在原地土壤中藉微生物的分解作用變成堆肥。

　　另外，基本上為了活躍土壤中的微生物及調整土壤養分均衡，大多會栽培綠肥作物作為旱田與花壇輪作的一環。出乎意料地，和收穫的作物一起培育，會對彼此帶來良好的影響（**共榮作物**），或是招來病蟲害的天敵蟲類進而保護栽培作物（**天敵載體植物效果**）。另外，栽種會開出美麗花朵的綠肥作物，除了土壤培育這個原本的目的外，綻放的花朵也能療癒我們的心靈。

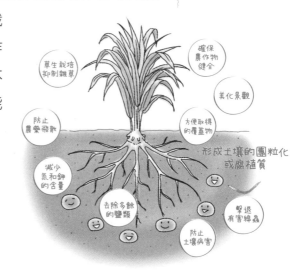

草生栽培
抑制雜草

確保
農作物
健全

美化景觀

防止
農藥飛散

方便取得
的覆蓋物

形成土壤的團粒化
或腐植質

減少
氮和鉀
的含量

去除多餘
的鹽類

擊退
有害線蟲

防止
土壤病害

■綠肥的效果

●方便、簡單、安全　●價格便宜
●具有讓土壤休息的效果

4-2 景觀性卓越出色

對各地街市的振興與美化貢獻良多

各位讀者是否曾在北海道的十勝平原等廣大的旱作地帶，看過一望無際的向日葵花海的美景呢？那絕不單純是為了欣賞向日葵，或是為了榨出向日葵花籽油而栽種的，而主要是為了當作綠肥才種植的。

在北海道的旱作地帶，輪種小麥、玉米、甜菜、馬鈴薯等作物，向日葵被編入其中一環。夏天向日葵的花朵盛開不久後，利用耕耘機推倒，再用迴轉犁等機械器具將花朵、莖、葉和根部都翻進土裡。然後，作為土壤培育的綠肥預備著明年春天使用。

北海道除了十勝平原，在近臨鄂霍次克海的網走市境內，到了 9 月下旬，白芥在國道沿線因開滿黃色花朵而相當著名。在本州島有些地區經常種植紫雲英當成水田複種作物，或是在蔬菜的旱田栽種萬壽菊。而且，這類型的觀光地區利用綠肥作物打造出美麗景觀吸引觀光客以及振興美化街市等也很常見。

白芥

用來對抗有害線蟲的作物。溫暖地區會於春季開出黃色的美麗花朵，寒冷地區則是在秋季開花。

北海道的「白芥」相當著名。也對吸引觀光客頗有助益喔！

可應用在菜園的閒置空間

接著，把目光轉向家庭菜園。

在家庭菜園中，為了能有效利用有限空間，並同時防止因栽培同科植物而產生的連作障礙，通常會做栽種年度計畫，例如架構出在何處栽培何種蔬菜等。然而，不管付出多少巧思設立栽種計畫，還是會有閒置的空間出現。倘若只是放著閒置的空間不管，將會雜草叢生。這時，如果栽種適合觀賞的花朵作為綠肥，不僅能美化景觀，之後也能一併進行土壤培育，一舉兩得。

當然，無論有無閒置空間，與其他作物混合栽種，或是在輪作體系中編入綠肥作物，都能成為因應連作障礙的準備，因此一定要將綠肥作物規劃到家庭菜園內。

深紅三葉草

作為大豆胞囊線蟲對策使用。深紅草莓狀的花朵相當美麗，也能剪裁做成花束或用於盆栽。在溫暖地區的開花時期為5～6月，寒冷地區為7月前後。

油菜花

作為水田複種作物使用。株高很高，生長繁茂。秋天時撒種，則春天時綻放美麗的黃花，非常適合用於觀賞或食用。

紫雲英

小巧玲瓏的粉紅小花，被當作水田複種作物的綠肥，也被當作吸引昆蟲來訪的花朵。開花期的嫩莖葉氮含量高，分解也很快速，具有速效性。

4-3 綠肥和堆肥的差異

綠肥和堆肥有哪裡不一樣？

　　綠肥最大的優點是將存活狀態的植物耕入旱田土壤中，讓植物直接在土壤中分解（堆肥化），可以省去像完熟堆肥需在其他地點堆肥化的過程。正因如此，綠肥簡直可說是未熟堆肥的起點。因此使用堆肥時，必須採取和未熟堆肥相同的處理方式（參閱 68 頁）。

　　使用完熟堆肥時，投入後沒多久即可撒種或植苗，但綠肥在耕入土壤之後必須等候半個月至 1 個月，而秋冬等低溫季節更需要約 2 個月。

綠肥擁有堆肥所沒有的優點

　　因此雖然施用綠肥，需要在撒種或栽種前等候一定程度的時間，但綠肥擁有完熟堆肥所沒有的優點。首先，綠肥含有豐富的碳成分。也就是說，它具有較多微生物的食物，能夠促進微生物繁殖，也能以土壤團粒化，讓土壤培育的效果卓越超群。

　　而且，以禾本科植物為代表，綠肥作物當中具有能伸長根部至地底深處的種類，而根部伸長促進

土壤的團粒化以及從地底吸取養分等效果都相當令人期待。

　　此外，與完熟堆肥和未熟堆肥不同的關鍵點是，綠肥不會從旱田外部帶入養分。堆肥使用的廚餘或家畜糞便等材料大多是從旱田外部帶入的物質，但綠肥是從原處土壤中吸取養分，只要把作物耕入土中，即可將養分循環利用。除了土壤中固定氮含量的豆科植物外，無論耕入多少綠肥，土壤的養分都不會比現狀更多，但有助養分之有效性。

綠肥能減緩土壤的侵蝕和風蝕

藉由綠肥覆蓋土壤，也具有減緩土壤侵蝕和風蝕的效果。

■綠肥可供養微生物

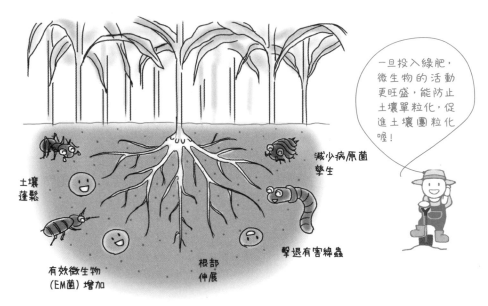

土壤蓬鬆

有效微生物（EM菌）增加

根部伸展

減少病原菌孳生

擊退有害線蟲

一旦投入綠肥，微生物的活動更旺盛，能防止土壤單粒化，促進土壤團粒化喔！

4-4 綠肥的效果①

～均衡調整土壤養分～

吸收土壤內過多的養分

前面介紹的綠肥作物，不但能導正連作作物引起土壤生物群的失衡，亦可吸收土壤中過度積存的養分，調整養分均衡。這些綠肥作物統稱為「**抑草作物**」。

然而，雖然和土壤性質有關，但長年施加堆肥或肥料精心管理的旱田或花壇、連續栽種果菜類（小黃瓜、茄子等）或葉菜類（菠菜及高麗菜等）的旱田、採用隧道式棚架或拱型溫室栽培等，都可能積存過多的養分。

在這樣的旱田或花壇中，可種植肥料需求高的玉米或蘆粟等，吸收過剩的養分。例如，在輪作的第 1 輪種植玉米，採收果實後將莖葉當作綠肥耕入土壤內。第 2 輪時撒下空心菜的種子，依序摘取枝的前端，莖葉生長堅固後同樣作為綠肥耕入土壤內。然後在第 3 輪栽種花椰菜或青花菜，長成後採收。每一種都是肥料需求高的作物，可在栽種與生長的過程中除去多餘的養分。

嘗試這個方法時，基本上全都是無肥料栽培喔。如果花椰菜或青花菜的生長狀態不佳，也只要給它一些氮肥就行了～

接近有機物自然的循環

作為抑草作物而栽種的作物，經常積存多量養分，因此專業農家大多會割下它們當作綠肥或堆肥並鋤入其他農地，然而在家庭菜園中，割除工作相當耗費勞力，而且割下後的放置空間也有限。因此可直接把綠肥作物耕入到該旱田或菜園內，之後控制施肥並栽種蔬菜或花卉。

無論是上述的哪一種，在養分過多的土壤內施用有機物的方法中，綠肥都是效果最好的。前述雖已提過，在堆肥或有機肥料中，都無法避免從外部帶入養分，然而綠肥卻是直接用同一塊土地栽種作物，不會有養分過剩的狀況。利用綠肥培育土壤，只要採收了蔬菜或花卉等作物後，即可逐漸消除養分過多的問題。

如同光合作用中，植物以水和二氧化碳為原料，經由太陽能產生碳水化合物（有機物）和氧氣。我們將在這片土地栽種的作物作為綠肥還原到土壤中，再透過這些機物進行土壤培育。這樣栽培蔬菜或花卉的機制，可說是有機物的地產地銷。

4-5 綠肥的效果②
～有共榮作物的效果～

共榮作物是什麼？

　　若將不同種類的植物一起種植，則彼此的性質會互相影響，能抑制病蟲害產生等，可能比單獨栽培生長來得更健壯。這種生長調性契合的植物稱為**共榮作物**（或稱共生植物，companion plants）。共榮作物有以下效果：

- 防止害蟲產生。
- 防止生病。
- 有助於共生的植物生長。
- 利用株高差異調節日照。
- 肥料共享。
- 聚集益蟲。
- 增加土壤微生物的種類。

　　幫助作物生長的萬能共榮作物種類繁多。例如同為蔬菜類的青蔥和菠菜，契合程度極其出色。然而，毛豆或四季豆等豆科作物就不太適合和青蔥一起種。其他如韭菜，和大多數的作物都契合，可以在防止蚜蟲產生的同時，促進共榮作物的生長。

萬壽菊是綠肥作物中頗具代表性的共榮作物。它可以分泌抑制線蟲活動的成分。

　　此外，藥草類中也有知名的共榮作物，例如芫荽（俗稱香菜），可以防止蚜蟲、小菜蛾、粉蝶等害蟲產生。

植物的相剋效果

　　植物為了讓自己成為優先種，而產生化學物質並排除其他植物的能力，稱之為**植物相剋作用**（或稱「異株剋生」「化感作用」）。異株剋生不僅有植物抑制他種植物的作用，也有抑制病原菌和迴避昆蟲的作用。然而，即使能預防病蟲害，由於爭奪養分與日照等問題，有些植物最好別種在一起，因此得巧妙地選擇組合加以利用。

代表性組合　菠菜與青蔥

青蔥栽種 1 個月之後，再撒上菠菜種子混植

長蔥、韭菜等蔥屬以外，蘆筍與薑等單子葉（發芽時非雙葉而是 1 片子葉）植物的蔬菜，和菠菜、小松菜、水菜等葉菜類蔬菜也是不錯的組合搭配。

天敵載體植物是什麼？

所謂天敵載體植物（banker plants），是指容易聚集農作物病害蟲天敵的植物。屬於共榮作物的一種，若具有培育病害蟲天敵的植物的功能，稱為天敵載體植物，或者叫做誘餌植物。天敵載體植物主要有下列作用。

可防治害蟲

因為不使用農藥就能防治害蟲，所以近年來採用天敵載體植物的菜農增加。例如，茄子的害蟲「棕櫚薊馬（或稱南黃薊馬）」廣為人知，捕食牠的代表性天敵就是「小黑花椿象」。而禾本科的蘆粟能招來這種蟲。

豐富生態系

在營養有限的旱田持續栽培作物，會使土壤中的生物群變得貧乏，也會招致病害蟲大量出現。而栽種天敵載體植物，可豐富土壤中的生物群，不但能預防土壤病害，也能招來各種蟲類，讓地表的生態系變得豐富，進而抑制害蟲增生。

艾蒿（Mugwort）
旱田等處常見的雜草，作為綠肥使用的情形較少，但能夠招來蚜蟲或紅蜘蛛的天敵。

守護旱田的樹籬

　　天敵載體植物之中，比如在旱田周圍種植蘆粟或向日葵等較高的植物（障壁作物），具有防止從周圍其他旱田飛來的病害蟲侵入的作用。障壁作物除此之外還能守護作物抵擋風害，也能防止農藥飛散。

■蘆粟和茄子

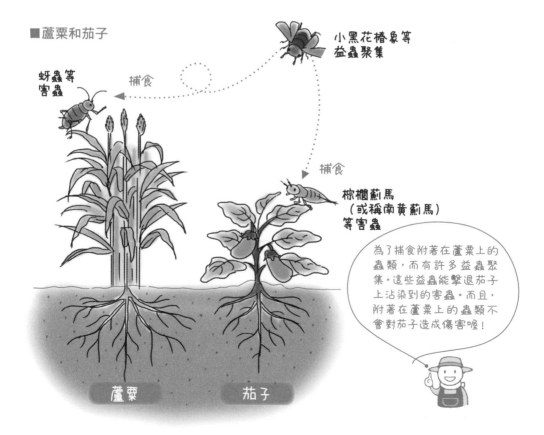

小黑花椿象等
益蟲聚集

蚜蟲等
害蟲

捕食

捕食

棕櫚薊馬
（或梅南黃薊馬）
等害蟲

為了捕食附著在蘆粟上的蟲類，而有許多益蟲聚集。這些益蟲能擊退茄子上沾染到的害蟲。而且，附著在蘆粟上的蟲類不會對茄子造成傷害喔！

蘆粟　　　茄子

4-7 綠肥的效果④
～抑制有害線蟲的繁殖～

線蟲是什麼？

綠肥的效果中最著名的作用是，可使損害作物的有害線蟲抑制繁殖。

所謂線蟲（線蟲綱，*Nematoda*），就是如絲線般細長的袋狀動物（袋形動物門），和蚯蚓（環節動物門）的同類（水蚯蚓又稱紅線蟲）不同。大多啃食落葉或土壤中的黴菌，會捕食有害線蟲，對作物算是無害，極少部分會寄生在植物上造成損害。主要種類有根瘤線蟲、根腐線蟲、胞囊線蟲等「三大寄生性線蟲」。

線蟲的口部形狀

口部

口針

根瘤線蟲（*Meloidogyne* 屬）

大多出現在番茄與茄子等茄科，小黃瓜與南瓜等瓜科。受到根瘤線蟲侵入的植物，根部組織會隆起形成瘤。根部被直接入侵的結果，將會無法充分吸收養分與水分，植物地上部的生長也會減弱，作物收穫的品質與收穫量將會降低。

線蟲的侵入

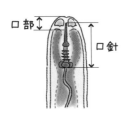

侵入　卵　土壤中

繁殖　組織的褐變

土壤中的有害線蟲　線蟲　根部

根腐線蟲（*Pratylenchus* 屬）

　　根腐線蟲會寄生在甘薯、馬鈴薯、番茄、里芋（小芋頭）、大豆、菊花等眾多植物上。它會侵入植物的塊根、球根、地下莖等處，侵入部位會從褐色變成黑色（有時候會帶點紅色），使植物的細胞壞死。因此，植物的地上部會有生長變差或葉子在早期就枯落的情形。

胞囊線蟲（*Heterodera* 屬）

　　例如大豆胞囊線蟲和馬鈴薯胞囊線蟲等，幾乎是按照寄生植物的種類所命名。一開始的感染症狀出現在部分旱田發育不良的位置，逐漸蔓延到周圍引起黃化症狀。

利用綠肥抑制害蟲的機制

　　綠肥主要對有害線蟲的抑制機制，以下列 3 點最為人熟知。

❶ 在體內製造殺害線蟲的物質進行驅除，如萬壽菊和白芥等。

❷ 儘管線蟲會侵入根部，卻能阻止在根部裡面成長的線蟲，抑制繁殖，如燕麥等植物。

❸ 儘管讓胞囊線蟲孵化，卻無法當成牠的營養來源，胞囊線蟲便會餓死，如紅花苜蓿或野百合等。

何謂胞囊？

指有卵的胞囊。隨著侵入根部與地下莖的胞囊線蟲幼蟲變成成蟲（母），身體會露到植物組織外。從根部垂下的胞囊，肉眼可見針頭大小的乳白色顆粒。

對付線蟲得從培育土壤著手

雖然線蟲有著壞蛋的形象，卻是地球上隨處可見的生物。有害線蟲的出現，最大的原因在於持續栽培特定作物，使得微生物種類不平衡，或是投入的有機物過少。要是害怕線蟲造成損害，先決條件是得利用綠肥或堆肥，確實地培育土壤。

4-8 使用綠肥的注意事項

注意病原菌的繁殖

從植物根部分泌的醣與胺基酸或死細胞等最後會變成微生物的食物，所以根部附近（根圈）會聚集各式各樣的微生物。相反地，微生物會分解土壤中的有機物，為植物根部供給養分。如此植物根部與土壤中的微生物處於共存關係。

不過，每個植物種類，有能棲息在根圈的微生物，也有難以生存的微生物，所以在只栽種特定作物的土壤中，微生物的種類會不均衡，是形成**連作障礙**的最大原因。

要培育形形色色的多樣性微生物，需栽培種類繁多的作物，將各種有機物翻進土中是不可或缺的。栽培作為混植與輪作綠肥，可經由翻地變成微生物食物，對於改善土壤生物性也很合適。

不過，繁殖的微生物當中，也存在著病原菌。生物群豐富，彼此建立起拮抗關係（敵對關係）的土壤並沒有問題，但如果病原菌造成的損害已經清楚可見，就該避免使用綠肥。經常發生土壤病害的旱田，即使施放完熟堆肥也會增加病原菌，必須特別注意。

連作障礙

每年將同一種作物種植在相同的位置，則會因土壤中殘留多餘肥料的成分，或上次栽種的作物所遺留的病原菌等，引起生長不良或植物病害。

注意花蠅孳生

將綠肥翻進土壤時，還有一點必須注意。就是在初春翻進太多綠肥，花蠅就會大量出現。

花蠅是分布在日本全境的害蟲，會在植物種子中產卵，使種子發芽情形變差。幼蟲是白色或乳白色的蛆，老熟幼蟲約 6 毫米（mm）大。成蟲是約 5 毫米大的種蠅，會聚集在未熟堆肥、雞糞或油粕等有機物腐臭的地方、剛耕種的溼地、土塊與地面連接的部分等，分次或一次產下許多卵。

從 3 月下旬～ 4 月上旬開始羽化，一年 5 ～ 6 個世代交替。一般在春秋季產卵數較多，夏季產卵數會變少。

成蟲會被未熟有機物所吸引，而完熟堆肥可防止花蠅出現。所以綠肥與未熟堆肥要翻進土裡時，要在花蠅羽化的初春以外使用，並且早一點翻地。另外，在水分多的狀態下耕種會吸引成蟲類前來，因此要在土壤溼氣適當時早點耕種及整地。

一旦降雨過多造成土壤水分過剩，蟲類的產卵數就會增加，幼蟲的存活率也會升高！

4-9 綠肥的播種和翻耕

播種的重點

　　蔬菜和花卉的播種方法相同，有下列三種：①在土壤表面均勻播種的「**撒播法**」；②挖出淺溝，在溝中播種的「**條播法**」；③隔一定間隔挖掘淺穴，分別撒上幾粒種子的「**點播法**」。綠肥經常作為輪種的一環，一般皆經由撒播法或條播法來播種。

　　播種時最需要注意的是覆土與覆土厚度。尤其豆科的毛苕子和禾本科的燕麥品種中，有些種子較大，若只是撒在地面，便無法順利吸收水分導致無法發芽。另外，有時鳥類也會飛到旱田和花壇上吃掉種子。

　　因此，播種後一定要覆土。然後輕壓一下土壤，種子便容易吸收水分、提早發芽順利生長。

　　覆土的厚度，不妨以種子直徑的 3 ～ 5 倍為標準。

若無覆土

即使吸收水分也會立刻乾燥　　被鳥類啄食

種子無法吸收水分

覆土壓實是改善發芽使收成豐碩的重點

種子可有效率地吸收土壤中的水分

翻耕的重點

　　如果農家規模較大，可用耕耘機或迴轉犁等農業機械翻地，不過一般家庭若是有鐵鏟或鋤頭等農

具就夠了。

　　翻耕的重點，是要用鐵鏟等工具將綠肥作物從根部掘起，再直接埋進土中。若是想要讓綠肥快速分解，可以事先用鐮刀或柴刀等將作物的莖葉切碎。

　　假如擁有小型耕耘機，像萬壽菊或三葉草等低矮的植物即可直接翻耕入土。

綠肥割青是基本作法

　　綠肥翻耕時要在葉子呈現綠色的狀態下（割青），此時體內蓄積最多有機物，是最適合的時期。若是葉子成熟變黃後再翻地，要在土壤中分解得花些時間。

　　另外，要是結了種子再翻地，之後會冒出新芽，除草作業會很辛苦。所以綠肥基本上都是「割青」，一定要在結出種子前翻地。

翻耕入土的時機很重要

綠肥和未熟堆肥，都必須在撒種或植苗前約1個月先翻耕入土，讓綠肥在土壤中充分分解，這是使用綠肥的鐵則。因為翻耕入土容易有氮飢餓或二氧化碳的氣體危害。

翻土鋤入時，施用成為微生物食物的石灰氮（氰氮化鈣，俗稱烏肥或黑肥）等成分，能使分解加快。

4-10 綠肥作物的種類和特徵

蘆粟（甜高粱）

　　蘆粟（甜高粱）在綠肥作物中，也是屬於生長旺盛且株高較高（可達 3 公尺以上）的作物。因此能在短時間內製造出很多有機物，可期待蘆粟高效能的土壤改良效果。

　　此外，氮和鉀的吸收量多，能還原上一個栽種的作物所殘留的養分和有機物。

播種的要點

　　只要 1 天的平均氣溫有超過 15℃就能播種。以日本來說，溫暖地區以 5～8 月為播種時機，寒冷地區則是 6～7 月。每 1 平方公尺撒入 4～6 公克種子，採用條播法或撒播法，然後覆土厚度約 1～2 公分。

翻耕入土的重點

　　若是露天栽培，必須在播種或植苗的約 1 個月前進行翻地。

　　用耕耘機將作物直接翻地最不費工夫，但是在家庭菜園，使用鐵鏟或鋤頭將根部掘起，再以直立

蘆粟

生長快速，再生力也很強，能在短時間內產出許多有機物。株高很高，也有阻隔效果。

的狀態直接埋進土裡是最不費工夫的方法。若想要快速分解，可以用鐮刀或柴刀將莖切成 5 公分再翻地。

蘆粟容易扎根，所以得儘量深淺均一地翻地。

作為天然屏壁使用

蘆粟屬禾本科植物，高度約 80 ～ 100 公分，有些品種能長得更高。在開花、快要結穗時可先修剪過，在它繼續生長的過程中，側芽會愈來愈茂密，因此最適合當成旱田的天然屏壁。

在菜園周圍種植 3 ～ 4 株蘆粟，便可做為天然屏障抵擋外來害蟲如椿象、金龜蟲或夜盜蟲等飛入。另外，作為天敵載體植物與前述的茄子組合也非常知名，除此之外，運用在栽種高麗菜、白菜、菠菜或小松菜等時候也很有效。

玉米或蘆粟等株高較高的作物，將它們掘起後也可以直接埋入田埂之間。然後在隔壁的田埂繼續栽培蔬菜等作物，等分解結束後，下一次就可以在那個位置培壟。

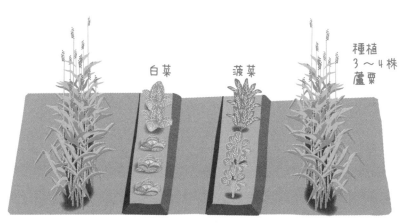

種植 3 ～ 4 株蘆粟

白菜

菠菜

高麗菜

小松菜

燕麥

　　燕麥是禾本科麥子的同類，也會被當成綠肥使用。燕麥也經常用來對抗有害線蟲，像是北方根腐線蟲或南方根瘤線蟲等。然而依照作物品種，能抑制、驅除的線蟲種類有所不同。另外，有些品種可以抑制啃蝕蘿蔔等十字花科作物的黃條葉蚤出現。

　　雖然燕麥的莖葉比蘆粟還細，但是較多分蘗的情形，初期生長也很旺盛。能夠短期間製造有機物，所以是適合安排在輪作時的作物。

播種的要點

　　以日本來說，寒冷地區的播種期是 5 ～ 8 月，溫暖地區則是 3 ～ 11 月之間。不過，依品種不同，也有些最好避免在 7 ～ 8 月的盛夏播種。

　　播種量以每 1 平方公尺撒入 8 ～ 10 公克為標準，可採用條播法或撒播法，覆土約 1 公分。覆土時要用力壓牢，這個步驟非常重要。

翻耕入土的重點

　　在準備下個作物的播種或植苗的約 1 個月前，是翻耕入土的時機。燕麥結出麥穗（孕穗期）之後容易倒伏，最好在那之前就先翻耕入土。用鏟子或鋤頭挖出燕麥使其倒伏，再埋入土壤中。

燕麥

能抑制連作障礙等因素，抑制根菜類上產生的北方根腐線蟲、十字花科蔬菜的害蟲、黃條葉蚤的密度。

和南瓜混植時

　　燕麥也可以當作共榮作物使用。以下介紹和南瓜混植的例子。

　　南瓜的藤鬚捲繞在燕麥上，為燕麥抵擋強風，也穩定在土壤表面上南瓜的藤鬚，強化植物生長。另外，燕麥也具有覆蓋功能，促進南瓜生長。

　　菜園內，事先準備好寬 150 公分的田埂，互相間隔 180 公分、且南瓜株間間隔 90 公分。然後以撒播法撒下燕麥的種子，約 1 星期後植入南瓜的幼苗。南瓜收成後，再把燕麥鋤入土壤中。

燕麥能解決南瓜的白粉病

燕麥早晨時會從葉子頂端的小孔滲出水滴，這能讓南瓜的白粉菌因滲透壓的關係而破裂，間接防止南瓜的白粉病（Powdery mildew，常見的真菌性病害）。

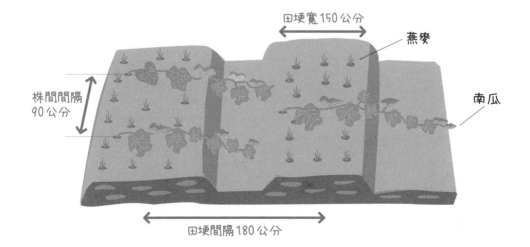

田埂寬150公分

燕麥

南瓜

株間間隔 90公分

田埂間隔180公分

萬壽菊

萬壽菊從以前就是作為對抗根瘤線蟲或根腐線蟲的知名作物。生長期間從根部分泌的物質，可抑制有害線蟲的繁殖。

其中綠肥用的品種「金盞花（又稱金盞菊）」非常有名，屬於大輪種的非洲類。高度比小輪種的法國類還高，達 60～70 公分以上，可以補給土壤足夠的有機物。

另外，可開出黃色或顏色美麗的花朵，景觀性佳。

播種的要點

以日本來說，溫暖地區的播種期是 4～7 月，寒冷地區則是 4～6 月上旬，且無論寒冷與否都是在 8 月開花。不過，寒冷地區可能初期生長較慢，所以比起直接播種，最好先育苗完成再以植苗的方式栽種較佳。

在寬 60～70 公分的田埂，採用點播法播種，每間隔 10 公分撒入 5～6 粒。

翻耕入土的重點

用鐵鏟或鋤頭，從根部掘起使之倒伏再埋進土裡。如果有小型耕耘機，也可以在直立的狀態下直接翻進土壤。

萬壽菊

可抑制各種根瘤線蟲及根腐線蟲繁殖。會開出黃色或橙色的美麗花朵，也適合作為景觀用。

和白蘿蔔混植時

萬壽菊和白蘿蔔混植時，能抑制白蘿蔔上根瘤線蟲的活動，還能擊退喜愛白蘿蔔（十字花科作物）的小菜蛾、菜粉蝶、金花蟲等害蟲。

雖白蘿蔔1整年都能栽種，但在病害蟲最多的夏季，較適合與萬壽菊混合栽種。它也能夠防止連作障礙，可以直接與秋季播種的白蘿蔔田混植。

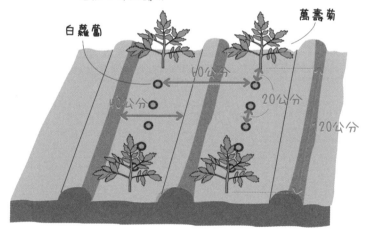

害蟲較多時，可以每2株白蘿蔔就種植1株萬壽菊

白蘿蔔

萬壽菊

60公分

40公分

20公分

120公分

白蘿蔔5株配上萬壽菊1株，田埂間隔60公分、田埂寬度40公分、株與株間隔20公分。起初萬壽菊點播撒種5～6粒，真葉（靠近植物莖的葉子）長到4片之前進行疏苗，調整為1株。之後再以點播法撒下白蘿蔔種子3～5粒。

若是擔心萬壽菊初期生長較慢，就別直接播種，不妨在盆裡育苗再栽種。

真葉長到4片以上再定植

三葉草

別名白三葉草，豆科植物。棲息在根部的根瘤菌可固定大氣中的氮，並吸收到體內。碳氮比（C／N比）較低，所以在土壤中分解較快。

主根深深地往下延伸，支根在地表附近擴展。適合冰涼溼潤的氣候，也能適應土壤條件承受夏日高溫。會沿著地表長出繁茂的「匍匐莖」，能充分抑制雜草生長。

另外，三葉草在地表盛開的白色花朵，也有不錯的景觀性。

播種的要點

以日本來説，三葉草大略有 3 個播種時機。分別是在 9 月中旬～ 11 月在溫暖土地播種，6 月迎接開花期；在 3 ～ 6 月上旬播種，7 月迎接開花期；以及在 4 ～ 8 月在寒冷土地播種，7 月以後迎接開花期。每 1 平方公尺（㎡）撒種 2 ～ 3 公克（g），之後，種子覆土後再壓一下。

翻耕入土的重點

三葉草翻耕入土後，要控制氮肥的施用量喔！

用鐵鏟、鋤頭或十字鎬等工具，在生長時進行翻地，充分讓土壤均勻混合。

和夏季高麗菜混植時

　　豆科的三葉草與十字花科的高麗菜上，棲息在根圈的微生物種類不會重複，所以混植後可培育多種微生物，能促進土壤的生物多樣性。

　　另外，高麗菜的害蟲——蚜蟲與夜盜蟲，會寄生在三葉草上，而以牠們為餌食的天敵也會出現，所以也能期待天敵載體植物的效果。

11月中～下旬間
撒下三葉草的種子

在菜園栽種時，準備田埂間隔120公分、田埂寬度75公分的田埂，在11月中～下旬間撒下三葉草的種子。

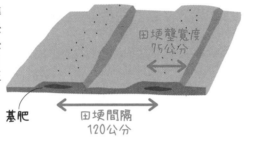

田埂整寬度
75公分

基肥

田埂間隔
120公分

5月上旬，將在其他場所育苗完成或購買的高麗菜幼苗以株與株間隔45公分的狀態植入。

株與株間隔
45公分

入夏後三葉草開始繁殖，也可以割除較長的三葉草作為覆蓋物使用。

深紅三葉草

三葉草的同類，屬一年生植物，會開出深紅的草莓狀美麗花朵。深紅三葉草經常用來對抗大豆胞囊線蟲，景觀性佳，故除了作綠肥以外也能剪裁做成花束或當成盆栽。

以日本來說，在溫暖地區的播種標準是9月下旬～11月（5月開花）和3～4月中旬（6月開花），寒冷地區的播種期則是4月中旬～6月（7月開花）。撒種量和翻耕入土的方法同三葉草。

可和洋蔥混植。除了能固定空氣中的氮，促進洋蔥生長以外，洋蔥的害蟲牧草蟲和蚜蟲會在花朵上繁殖，因此能招來捕食牠們的天敵。

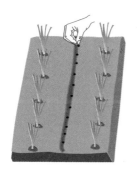

11月時，以田埂間隔60公分、株與株間隔9公分的距離栽種洋蔥幼苗，數日後再於各田埂的間隔中間以條播法撒下深紅三葉草的種子。

洋蔥收成期的6～7月，各排之間會開出深紅色的美麗花朵。

整片洋蔥有約8成葉片枯萎倒伏時，即可在天候佳的某天全部拔起。

向日葵

初期生長旺盛，很快便會覆蓋土壤表面，可抑制雜草生長。播種的期限長，多在 5 ～ 8 月間，莖葉也長得很大，有機物生產量也多，是優秀的綠肥作物。另外，會開出美麗的大朵花朵，也很適合用來裝飾。

有些品種開花期的株高達 2 公尺以上，與其在家庭菜園的整片旱田栽種，不妨像蘆粟一樣用來當成屏障。沿著菜園周圍密密麻麻地栽種，不只防止風害，花朵也能引誘牧草蟲或金龜蟲等害蟲採食，守護裡面栽種的作物遠離害蟲。

採用條播法或撒播法播種，每 1 平方公尺以 2 公克為標準量，播種後輕輕覆土再壓一下。

翻地時，用鐵鏟或鋤頭連根掘起使之倒伏，再直接埋進土中。另外，莖葉可事先用柴刀或鐮刀細切成 5 公分，再和土壤均勻地翻地。

向日葵

初期生長旺盛，較早覆蓋土壤表面。可徹底抑制防止雜草蔓生。美麗的圓形大花最適合用於裝飾景觀。

白芥

　　初期生長快速，短時間可獲得高收穫量，是對抗有害線蟲的知名作物。花朵為黃色，開花期的高度達 1 公尺以上。

　　以日本來說，秋季的播種時機在 9 ～ 10 月（3～4月開花），春季則在 3～4 月（6月開花），春天開出黃色花朵適合作為景觀用。

　　以條播法每 1 平方公尺撒下 2 ～ 3 公克的種子，輕輕覆土再壓一下。翻地時，連同根部掘起使之倒伏埋進土壤中。

大波斯菊

　　綠肥用的大波斯菊，特色是開花期的高度約 1 ～ 1.5 公尺，和其他波斯菊相比有機物產量較多。另外，秋天紅、白與桃色的花朵盛開，可作為水田轉作用（指將原本的水田轉為旱田）或景觀用，也會用於振興城鎮等活動。

　　以日本來說，南方播種時機為，4 ～ 6 月下旬（7月開花）若是北方寒冷土地則在 5 月中～下旬（8月開花），每 1 平方公尺撒種 1 公克，覆土時覆蓋種子輕輕壓一下。莖葉柔軟，用鐵鏟、鋤頭或十字鎬，在生長時盡可能均勻地翻地吧！

使大波斯菊等花卉綻放的綠肥，會招來蜜蜂或蝴蝶等會採食花蜜的「訪花昆蟲」。

■綠肥作物對土壤的作用和效果

出自《自如運用綠肥》（※暫譯，原文書名為『緑肥を使いこなす』）橋爪健著（農文協），有部分更改

效果		符合項目的綠肥作物
物理性的改善	形成團粒構造	所有綠肥的共同效果，特別是玉米、蘆粟、燕麥等粗大有機物翻動鋤入土壤內，能讓土壤中的孔隙率增加，使單粒化的土壤粒子團粒化。尤其根部發達的禾本科作物有更顯著效果。
	改善透水性、排水性	紅花苜蓿（紅三葉草）、深紅三葉草、白芥、田菁等，深根性的豆科作物的根部能侵入到土壤深層，改善透水性和排水性。
化學性的改善	增加保肥力	所有綠肥的共同效果，特別是玉米、蘆粟、燕麥等禾本科綠肥作物翻動鋤入土壤後，經微生物分解而成為腐植質。腐植質會吸附肥料成分的陽離子，能預防成分流失。
	清除鹽類	蘆粟、大黍（*Megathyrsus maximus*）吸收土壤中過剩的鹽類。
	固氮作用	深紅三葉草、三葉草、紫雲英等豆科植物的根部會有根瘤菌附生。能使用空氣中的氮氣，使土壤肥沃。
	菌根菌能有效溶解磷素	向日葵、深紅三葉草、紫雲英等根瘤菌附生的綠肥會提高磷素的使用率。
生物性的改善	改善土壤微生物的多樣性	綠肥作物的根部會釋放黏液（醣類的一種），在根圈處以此為食的眾多微生物因而繁殖。
	抑制土壤病害	燕麥、玉米等。因投入綠肥而建構出輪作體系，特別是禾本科的豐富根圈會平衡微生物生態，減輕土壤病害。
	抑制有害線蟲	北方根腐線蟲▶野生燕麥、蘇丹草 北方根瘤線蟲▶野生燕麥等禾本科綠肥作物 棕櫚薊馬（南黃薊馬）▶野生燕麥 南方根瘤線蟲▶蘆粟、野百合 大豆胞囊線蟲▶紅花苜蓿（紅三葉草）、深紅三葉草
環境維護	美化景觀	黃色▶白芥、向日葵　　　紫色▶紫艾菊 深紅色▶深紅三葉草　　　粉紅色▶紫雲英
	屏障（防風）作物	燕麥、黑麥
	防止農藥飛散	蘆粟、向日葵

培養土壤的工具

為了掘土、鋤入堆肥、收集落葉，培育土壤所用的器具，刀尖大多使用金屬材質。使用後確實保養，就能長久使用。

尖形鐵鏟

前端尖銳的鐵鏟，是適合進行挖掘鏟土等作業的萬能鐵鏟。

方形鐵鏟

前端寬闊、平坦的方形鐵鏟，可順利鏟土搬運。另外，在混合泥土時也很方便。

三角鋤頭

前端是尖銳的三角形，兩邊大多附有刀刃。旱田的除草作業、田埂的修復或挖田溝時都會用到。除草作業時可站著使用，即使是廣大的旱田，也不會對腰部造成負擔。

平鋤

可用來耕田、培壟、整地、培土、掘溝的家庭菜園必備器具。刀尖生鏽後會降低作業效率，需頻繁保養。

鋤頭

頭部形狀細長，用來耕鋤堅硬的黏土土壤或未開墾地。也適合拔根作業或挖竹筍。

耕耘機

除了耕耘，還可減輕培壟、中耕、除草或培土等粗重工作。對廣大的旱田和土壤堅硬的旱田很有幫助。

鐵鏟、鋤頭或平鋤等在堆肥與綠肥翻地，或耕土時是不可缺少的器具。它們各有特色，請配合用途挑選適合器具。

竹耙子

收集落葉、垃圾，於割草後進行清掃時使用。

美式鐵耙

柄的標準長度為130公分（cm），也有長達150公分（cm）的尺寸。有鋁製和鋼製的種類。

手耙

收集雜草與落葉，推平耕地後，進行表土整地時使用。

噴壺

儲水壺的容量種類繁多。大的容量則可以一次噴灑較多水量，但搬運時會造成負擔，最好依狀況選擇。

水桶

搬運泥土、肥料或水等時候使用。也會用來收集垃圾與雜草，最好準備一個。

量桶

稀釋液體肥料或藥劑用水時能更容易測量分量。若有注水口，移到噴壺或噴霧器時很方便。

容器栽培上的好用道具

篩土器

篩土、除去垃圾或小石頭、讓泥土顆粒一致時使用。網眼大小有各種類型。有些可按照目的更換網子。

置土器

倒入土中或鉢裡時使用。不易生鏽、耐久性佳的不鏽鋼製品較好。

小鏟子（移植用鏟子）

種苗或球根時用來挖洞，作物採收後挖起枯萎的殘株時使用。有不鏽鋼製、鋼製、鋁製、鍍鉻等各種材質的商品。

參考文獻

『家庭菜園的土づくり入門』
村上睦朗・藤田智（家的光協会）

『家庭でできる堆肥づくり百科』
デボラ・L・マーチン、グレイス・ガーシャニー（家的光協会）

『農薬に頼らない家庭菜園 コンパニオンプランツ』
木嶋利男（家的光協会）

隔月刊誌『やさい畑』
（家的光協会）

『図解 ベランダ・庭先でコンパクト堆肥』
藤原俊六郎、加藤哲郎（農山漁村文化協会）

『堆肥的つくり方・使い方』
藤原俊六郎（農山漁村文化協会）

『有機栽培的肥料と堆肥』
小祝政明（農山漁村文化協会）

『用土と肥料的選び方・使い方』
加藤哲郎（農山漁村文化協会）

『緑肥を使いこなす』
橋爪健（農山漁村文化協会）

『「生ゴミ堆肥」ですてきに土づくり』
門田幸代（主婦と生活社）

國家圖書館出版品預行編目資料

超圖解堆肥、綠肥的基礎知識 & 實用製作法：簡單製作堆
肥，打造最安心的健康菜園 / 後藤逸男著；張華英譯 . -- 二
版 . -- 臺中市：晨星出版有限公司 , 2021.01
　　面；　公分 . -- (知的農學；3)
譯自：イラスト基本からわかる堆肥の作り方　使い方

ISBN 978-986-5529-91-8（平裝）

1. 肥料 2. 植物

434.231　　　　　　　　　　　　　　　　109019633

知的農學 03

超圖解 堆肥、綠肥的基礎知識&實用製作法（修訂版）：
簡單製作堆肥，打造最安心的健康菜園
イラスト 基本からわかる堆肥の作り方・使い方

作者	後藤逸男
譯者	張華英
編輯	游珮君、吳雨書
校對	游珮君、吳雨書
封面設計	陳語萱
美術編輯	張蘊方

創辦人	陳銘民
發行所	晨星出版有限公司
	台中市 407 工業區 30 路 1 號 1 樓
	TEL:(04)23595820　FAX:(04)23550581
	http://star.morningstar.com.tw
	行政院新聞局局版台業字第 2500 號
法律顧問	陳思成律師
二版	西元 2021 年 1 月 15 日（二版 1 刷）
	西元 2023 年 5 月 1 日 （二版 2 刷）

讀者服務專線	TEL：02-23672044 / 04-23595819#212
	FAX：02-23635741 / 04-23595493
	E-mail：service@morningstar.com.tw
網路書店	http : //www.morningstar.com.tw
郵政劃撥	15060393（知己圖書股份有限公司）
印刷	上好印刷股份有限公司

定價 350 元
（缺頁或破損的書，請寄回更換）
ISBN 978-986-5529-91-8
ILLUST KIHON KARA WAKARU TAIHINO TSUKURIKATA & TSUKAIKATA
Supervised by Itsuo Goto
Copyright © Ie-No-Hikari Association, 2012
All rights reserved.
Original Japanese edition published by Ie-No-Hikari Association
Traditional Chinese translation copyright © 2021 by Morning Star Publishing Inc.
This Traditional Chinese edition published by arrangement with Ie-No-Hikari Association,
Tokyo, through HonnoKizuna, Inc., Tokyo, and Future View Technology Ltd.
版權所有・翻印必究

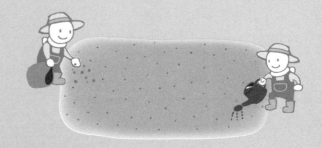